U0381865

山东省高等学校青年创新团队发展计划
诉讼法学新兴领域研究创新团队资助成果
山东师范大学“生态文明法治体系研究”青年创新团队成果

诉讼法学新兴领域研究创新文库

生态产品政府责任研究

张百灵 著

Research on Government
Responsibility for Ecological Products

中国社会科学出版社

图书在版编目(CIP)数据

生态产品政府责任研究 / 张百灵著．—北京：中国社会科学出版社，2022.8
(诉讼法学新兴领域研究创新文库)
ISBN 978-7-5227-0470-8

Ⅰ.①生…　Ⅱ.①张…　Ⅲ.①生态环境—国家责任—研究—中国　Ⅳ.①X321.2

中国版本图书馆 CIP 数据核字(2022)第 128155 号

出 版 人　赵剑英
责任编辑　梁剑琴　周怡冰
责任校对　李　莉
责任印制　郝美娜

出　　版　中国社会科学出版社
社　　址　北京鼓楼西大街甲 158 号
邮　　编　100720
网　　址　http：//www.csspw.cn
发 行 部　010-84083685
门 市 部　010-84029450
经　　销　新华书店及其他书店

印　　刷　北京君升印刷有限公司
装　　订　廊坊市广阳区广增装订厂
版　　次　2022 年 8 月第 1 版
印　　次　2022 年 8 月第 1 次印刷

开　　本　710×1000　1/16
印　　张　12
插　　页　2
字　　数　203 千字
定　　价　68.00 元

创新、突破与发展

——"诉讼法学新兴领域研究创新文库"总序

毋庸置疑，改革开放以来，我国民事诉讼法学的研究已经有了相当大的发展，每年都有几百篇民事诉讼法学的论文发表。但在民事诉讼法学研究繁荣发展的同时，也存在诸多隐忧。一些研究成果还只是较低层次的重复，不少研究还是为评定职称需要而作的"应用文"，有为发表而发表之嫌。

我曾撰文指出我国民事诉讼法学研究存在"贫困化"的问题，认为我国民事诉讼法学研究还缺乏深度、欠缺原创性和自主性。原因自然有多方面：民事诉讼法学理论研究与司法实践的隔离；[①] 缺乏足够的理论积淀；未能将法律制度建构与经济、政治、文化等环境因素予以融合；不能充分把握法律制度发展的大趋势，做到与时俱进；未能突破法律内部学科之间的藩篱，实现法学学科之间的内部交叉；欠缺法学与人文学科的外部交叉；未能及时跟踪、吸纳新兴科学领域最新的研究成果等。要实现民事诉讼法学研究的跨越，大幅度提升其研究水平，产出更多的研究成果，就必须在上述方面有所突破，有所发展和进步。

齐鲁文化是中国传统文化的主干之一，齐鲁文化一直拥有多元、开放的特性，正因为如此，齐鲁文化才能够不断实现自身历史的超越。在我国进入法治建设的高速发展的21世纪，齐鲁的法学研究也应与值得齐鲁人骄傲的文化一样，要敢于实现引领和创新。

要实现这种引领和创新，人才是根本。为此，山东省政府也出台多项政策予以支持。2019年6月山东省颁布的《山东省高等学校青创人才引育计划》(鲁教人字〔2019〕6号）就是其有力措施之一。该计划尝试通过引才育才，支持高校面向部分急需重点发展的学科专业，加强人才团队建设，引进和培养一批40周岁左右的有突出创新能力和潜力的青年人才，带动所在学科专业

① 张卫平：《对民事诉讼法学贫困化的思索》，《清华法学》2014年第2期。

建设水平明显提升。山东师范大学法学院王德新教授牵头申报的“诉讼法学新兴领域研究创新团队”，经过严格评审获得立项建设。入选该“计划”有一个条件要求，即要聘请一位同专业领域著名法学家作为团队导师，当时王德新非常诚恳地多次与我联系，邀请我作为团队的导师，出于帮助年轻人尽快成长和支持家乡法学事业发展的责任考量，我愉快地接受了这一邀请。

客观地说，该团队计划的建设任务并不轻松。按照团队建设任务，需要在1年内按照服务山东省法治建设的需求导向，本着引人育人并重、突出学科交叉、聚焦新兴领域的思路完成组建“诉讼法学新兴领域研究创新团队”；经过3—5年的建设，完成打造“五个一流”的建设任务（即打造一流团队、培养一流人才、推动一流教学、建设一流智库、产生一流成果）。团队完成组建后，我多次参与该团队组织的活动，设定了五个特色研究方向，即“民商法与民事诉讼法协同研究”“司法文化与裁判方法研究”“社会权的司法救济创新研究”“诉讼证据制度创新研究”“诉讼制度的法经济分析”。其中一个重要任务，就是策划出版一套“诉讼法学新兴领域研究创新文库”。打造这一套文库，不仅是为产出一批高质量的科研成果，更重要的是提升研究团体每一个研究成员的研究素质，为今后迈向更高层次的研究打下扎实的基础。

据我所知，该团队的一批年轻人围绕团队建设任务和五个特色方向，目前已陆续完成了一些颇有新意的书稿，如《民法典与民事诉讼法协同实施研究》《英国家事审判制度研究》《人工智能司法决策研究》等。这些研究选题，有的突出了实体法与程序法的交互协同视角，有的充分地回应了近年来司法改革的实践主题，有的指向了人工智能的司法决策这类前沿问题，等等，总体上在坚持以民事诉讼法学为中心，同时“突出学科交叉、聚焦新兴领域”的研究定位，取得了令人欣慰的进展。我们的研究团队的每一位老师都为此付出了辛勤的劳动。

在此，我作为研究团队的导师也对他们的辛勤的劳作和付出表达由衷的感谢之意。

2022年3月5日于清华园

目　录

绪　论

一　研究背景

物质产品、文化产品和生态产品是支撑人类社会生存和发展的三种重要的产品类型。从需求满足的角度分析，物质产品主要满足人类的物质需求，文化产品主要满足人类的精神需求，而生态产品则是随着人类生态需求的增强而发展出现的新产品类型。人的需求具有多元性和层次性，生态需求是人类最基本也是最高的需求之一。随着经济社会的发展，我国公众的生态需求日益强烈，这需要政府增强提供生态产品的能力。

生态产品在我国从概念的提出到价值的实现并没有经历太长时间。“生态产品”首次出现于2011年国务院发布的《全国主体功能区划》，该区划规定，我国提供工业品的能力迅速增强，提供生态产品的能力却在减弱，而随着人民生活水平的提高，人们对生态产品的需求在不断增强。因此，该区划从优化国土空间的角度规划了基于不同功能的主体功能区。其中，关系全局生态安全区域的主体功能区以提供生态产品为主要功能。

2012年，党的十八大报告提出要“增强生态产品生产能力”。2017年，中共中央办公厅、国务院办公厅印发《关于完善主体功能区战略和制度的若干意见》，明确提出对生态功能区县地方政府考核生态产品价值，并将贵州、江西、浙江、青海列为国家生态产品价值实现机制试点地区，标志着生态产品价值实现进入了实质性阶段。

党的十九大报告从解决社会主要矛盾的角度明确了供给生态产品的重要意义。报告指出，我国当前社会的主要矛盾“已经转化为人民日益增长的美好生活需要和不平衡不充分的发展之间的矛盾”。随着社会的发展进步，人们对于幸福美好生活的需要日益迫切且要求愈加丰富，不仅对物质文化生活提出了较高层次的要求，在生态环境等方面的需求也日益增长。因此，我们“既要创造更多物质财富和精神财富以满足人民日益增长的美好生活需要，也要提供更多优质生态产品以满足人民日益增长的优美生态环境需要”。

2018 年，习近平总书记在深入推动长江经济带发展座谈会上强调要选择具备条件的地区开展生态产品价值实现机制试点，探索政府主导、企业和社会各界参与、市场化运作、可持续的生态产品价值实现路径。2019 年，浙江丽水、江西抚州展开试点，标志着生态产品价值实现机制进入实践探索阶段。

2021 年 4 月，中共中央办公厅、国务院办公厅印发《关于建立健全生态产品价值实现机制的意见》，进一步明确提出要“积极提供更多优质生态产品满足人民日益增长的优美生态环境需要，深化生态产品供给侧结构性改革，不断丰富生态产品价值实现路径”，生态产品价值实现机制的研究趋向于实践。截至 2022 年 3 月，自然资源部发布了 3 批共计 32 个生态产品价值实现典型案例。

生态产品具有公共物品的属性，增强生态产品供给，政府责无旁贷。由于生态产品是一个比较新的概念，国内研究开展较晚，一系列问题亟待解决。例如，从法学视角分析，生态产品具有何种特点？生态产品政府责任的性质是什么？中央政府和地方政府、地方政府之间、生态环境部门和其他部门在生态产品中的责任如何分配？政府供给生态产品的法律制度如何设计？在生态产品价值实现过程中政府具有哪些责任？如何保障政府履行相应职责？

本书从“需求—供给”的基本理论和生态型政府建设的时代背景出发，分析生态产品政府责任的理论基础和定位、缺位表现及复位内容，在此基础上，厘清政府责任的性质，论述在生态产品供给、价值实现等方面的政府责任。同时，为了保障生态产品政府责任的落实，本书还剖析了生态产品政府责任的问责机制。

二 研究意义

（一）为增强政府生态产品生产能力提供制度保障

生态产品具有“供给的普遍性”和“消费的非排他性”等特点，是典型的公共产品，提供生态产品，政府责无旁贷。党的十八大报告提出要“增强生态产品生产能力”。本书在对生态产品进行类型化分析的基础上，系统研究了生态产品供给和生态产品价值实现中的政府责任，为政府生态产品供给能力的提升提供理论基础和制度保障。

（二）回应社会公众对生态产品的多层次需求和多样化诉求

生态产品是一种公共产品，是政府应当提供的基本公共服务。随着人民生活水平的提高，人们对生态产品的需求不断增强。本书针对政府在生态产品供给、监管和价值实现方面的责任，分别设置相关法律制度，有利于促进生态产品的持续增值和公平分配，满足社会公众日益增长的生态产品需求。

（三）为政府环境责任立法的完善提供有益参考

2014 年修订的《环境保护法》重点之一是“突出强调政府环境责任”，由于生态产品是一个比较新的概念，我国环境立法关于生态产品以及生态产品政府责任的规定仍然比较缺乏。本书分析了生态产品政府责任的性质、内容以及责任追究制度，为完善政府责任立法提供有益参考。

三　研究现状

（一）国外研究现状

目前国际上并没有使用“生态产品”（ecological products）概念，而是采用“生态系统服务”（ecosystem services）和“环境产品和服务”（environmental products and services）这两个相似的概念。

国外学者对生态系统服务的研究主要集中在生态系统服务的概念界定、生态系统服务功能以及法律保障等方面。生态系统服务自 20 世纪 80 年代初作为术语出现以来，成为环境学界讨论的热点词汇。生态学家 Daily[①] 和 Costanza 等[②]把生态系统服务定义为直接或间接增加人类福祉的生态特征、功能或生态过程。这是目前西方国家使用最普遍的生态系统服务概念。联合国环境规划署 2005 年发布的《千年生态系统评估》（*Millennium Ecosystem Assessment*）将生态系统服务定义为人类从生态系统

① Daily, G., ed., *Nature's Services. Societal Dependence on Natural Ecosystems*, Washington, D. C.: Island Press, 1997, p. 392.

② Costanza, R., R. d'Arge, R. de Groot, S. Farber, M. Grasso, B. Hannon, K. Limburg, S. Naeem, et al., "The Value of the World's Ecosystem Services and Natural Capital", *Nature*, Vol. 387, No. 6630, May 1997, pp. 253-260.

中获得的好处。Brown 等[①]、Peterson 等[②]指出生态系统服务一词日益向以人类为中心的方向发展。Folke 等[③]认为生态系统服务概念的研究方向侧重于社会生态系统的研究，即人类—环境耦合系统。

对于生态系统服务功能的研究，Tietenberg[④] 将生态系统服务价值分为使用价值和非使用价值，使用价值可分为直接使用价值和间接使用价值，非使用价值主要包括遗产价值、存在价值。Daily[⑤] 将生态系统服务功能划分为缓解干旱和抗洪、分解废弃物、控制农业害虫、保持土壤肥力和更新土壤、美学和文化的提供等。

国外立法中较多使用了“环境服务”用语。墨西哥《国家水法》(1992)、哥斯达黎加《林业法》(1996) 使用了“环境服务”概念并进行了明确定义。墨西哥《国家水法》定义的“环境服务”产生于水文流域及其组成部分的社会利益，水文流域的组成部分包括气候调节、侵蚀控制、防洪、土壤形成、水净化和碳汇。哥斯达黎加在《林业法》中定义“环境服务”是由森林提供的直接影响环境保护与改善的服务。根据该法，“环境服务”包括碳汇、水保护、生物多样性保护和生态系统保护、生物体保护与优美景观保护。[⑥] 世界自然基金会在《环境服务支付：减少贫穷与保护自然的平衡方法》中则明确表示，“环境服务”与“生态系统服务”是同义语。

---

① Brown, T. C., Bergstrom, J. C., Loomis, J. B., “Defining, Valuing, and Providing Ecosystem Goods and Services”, *Nat. Resour. J.*, Vol. 47, No. 2, Spr. 2007, pp. 329-376.

② Peterson, M. J., Hall, D. M., Feldpausch-Parker, A. M., Peterson, T. R., “Obscuring Ecosystem Function with Application of the Ecosystem Services Concept”, *Conserv. Bio. L.*, Vol. 24, No. 1, Feb. 2010, pp. 113-119.

③ Folke, C., S. Carpenter, T. Elmqvist, L. Gunderson, C. S. Holling, and B. Walker, “Resilience and Sustainable Development: Building Adaptive Capacity in a World of Transformations”, *Ambio*, Vol. 31, No. 5, Aug. 2002, pp. 437-440.

④ Tietenberg, T., *Environmental and Natural Resource Economics*, New Nork: Harpers Collins Publishers, 1992.

⑤ Daily, G., ed., *Nature's Services. Societal Dependence on Natural Ecosystems*, Washington, D. C.: Island Press, 1997, p. 392.

⑥ Ezequiel Lugo, “Ecosystem Services, the Millennium Ecosystem Assessment, and the Conceptual Difference Between Benefits Provided by Ecosystems and Benefits Provided By People”. 转引自高敏《“生态系统服务”与“环境服务”法律概念辨析》,《武汉理工大学学报》(社会科学版) 2011 年第 1 期。

国外学者主张通过法律保障生态系统服务。法律涵盖了所有主要的生态系统服务的本质，但不一定使用生态系统服务这一术语。例如，Everard 等研究提出，生态系统服务及其相关利益在法律定义中没有得到很好的体现。[①] 然而，生态系统提供的各种好处却已被普通法所吸收，例如，Everard、Appleby 认为，普通法针对提供生态系统服务（如可持续商业渔业的损失）和文化生态系统服务（如潜在的休闲渔业和潜水地点的损失）的不可持续的环境海洋疏浚损害提供了私人和公共妨害诉讼。[②] Green 等研究指出，应跨传统法律管辖区进行管理，并应颁布法规，促进有益行为以解决整个生态压力源。[③]

国外学者主要从公共需求理论、环境权理论、环境公共信托理论、政府职责本位理论等方面论述政府在提供环境公共产品方面的责任。典型的如美国密歇根大学萨克斯教授论及的“环境公共财产论”和“环境公共信托论”，该理论阐释了政府应该维护环境这一“公共财产”的职责。在立法方面，日本《环境基本法》（1993）、美国《国家环境政策法》（1969）、《俄罗斯联邦环境保护法》（2002）等都规定了政府提供环境公共产品和服务的责任，如《俄罗斯联邦环境保护法》规定，政府“负责在相应的区域内保障良好的环境和生态安全”。在具体的法律制度设置方面，墨西哥《国家水法》、哥斯达黎加《林业法》实施了环境服务国家补偿制度，葡萄牙推出了生态产品优惠信贷制度（2003），欧盟实施了生态标签体系（1992 年实施，2000 年修订），世界银行出台了《环境经济学与环境服务补偿机制设计指南》（2002）。

国外生态系统服务概念的提出侧重强调自然本身的价值，其背后反映出人们对自然价值认识的变化。主观主义的自然价值观认为自然价值是以人为尺度的，判断某个自然物是否具有价值是看它能否满足人的某种需要。这种价值观的泛化使得人对自然的态度是笛卡尔式的把人看作“自

① Everard, M., Pontin, B., Appleby, T., Staddon, C., Hayes, E. T., Barnes, J. H., Longhurst, J. W. S., “Air as a Common Good”, *Environ. Sci. Policy*, Vol. 33, 2013, pp. 354-368.

② Everard, M., Appleby, T., “Ecosystem Services and the Common Law: Evaluating the Full Scale of Damages”, *Environ. Law Manag*, Vol. 20, No. 6, 2008, pp. 325-339.

③ Green, O. O., Garmestani, A. S., Hopton, M. E., Heberling, M. T., “A Multi-scalar Examination of Law for Sustainable Ecosystems”, *Sustainability*, Vol. 6, No. 6, June 2014, pp. 3534-3551.

然的主人和所有者”，这成为近代生态危机爆发的重要根源，因此，人们开始重视自然本身的价值，利用自然（生态系统）提供的服务也需要付出一定的费用，同时需要在一定限度之内，否则，生态系统服务功能将难以为继。

环境产品和服务的范围往往更为广泛，包含了治理污染的设施及其施工、环境监测仪器、环境保护设计、治理污染的化学药剂、修复生态工程、植树造林等。国际上使用此概念，主要目的是推动降低这类产品的进出口门槛，鼓励企业和个人使用有利于改善环境的产品和服务。[①] 由此可见，国外的生态系统服务、环境产品和服务等相关概念和生态产品概念具有相似性，但也有明显的区别。

（二）国内研究现状

生态产品属于一个比较新的概念，国内研究开展起步较晚，但也积累了相关成果。从学者研究领域分析，经济学界对其探讨稍多，法学界结合生态产品特性进行政府责任的研究比较缺乏，但关于生态产品供给与价值实现、政府环境责任的相关研究为本书的写作提供了诸多借鉴和参考。

1. 关于生态产品的定义

20 世纪 90 年代，基于生态设计理念产生的产品常常被认为是生态产品，这种产品主要是把环境因素纳入产品设计中。[②] 随着国家环境文件和环境政策对生态产品的关注，学界研究也逐渐增多，对于生态产品概念的理解，也从开始的“生态型”产品深入到具有“生态功能”的产品这一阶段。

现有研究大多数将生态产品分为狭义的生态产品和广义的生态产品。狭义的生态产品主要集中在自然要素本身。如曾贤刚等认为，生态产品是指维持生命支持系统、保障生态调节功能、提供环境舒适性的自然要素。[③] 孙庆刚等将生态产品视为与物质产品、文化产品同等层次的概念，

---

① 武卫政：《增强生态产品生产能力——访环保部环境与经济政策研究中心主任夏光》，《人民日报》2012 年 11 月 22 日第 20 版。

② 王兴华：《西南地区发展生态产品存在的问题与对策研究》，《生态经济》2014 年第 4 期。

③ 曾贤刚、虞慧怡、谢芳：《生态产品的概念、分类及其市场化供给机制》，《中国人口·资源与环境》2014 年第 7 期。

并将其视为人类生存发展所必需的公共产品。①

广义的生态产品既涵盖生态系统所生产的自然要素，也包括人类在绿色发展理念的指导下，采用生态产业化和产业生态化方式生产的生态农产品、生态旅游服务等，如刘伯恩认为生态产品既包含自然界给予的生命支持系统、气候调节系统以及满足人类需求的自然要素，又包含对传统的物质生产模式的加工和改良。② 张林波等将生态产品定义为生态系统生物生产和人类社会生产共同作用提供给人类社会使用和消费的终端产品或服务。③

2. 生态产品供给与价值实现的研究

关于生态产品供给，学者们认为供给主体具有多元性。李繁荣等分析了生态产品供给的 PPP 模式；④ 张英等论证了生态产品市场化的实现路径及二元价格体系；⑤ 林黎基于多中心治理结构分析了生态产品供给主体的博弈；⑥ 李宏伟等基于（准）公共产品视角，探究了生态产品的供给方式；⑦ 李繁荣等提出了生态产品供给的公私合营模式以提高生态产品的供给效率；⑧ 洪传春等提出构建以政府合作为基础、市场合作为中坚、民众自愿合作为补充的生态产品供给多元合作机制，实现京津冀区域生态产品的可持续供给⑨。

对于生态产品价值实现路径，根据生态产品类型的不同，学者们分析

---

① 孙庆刚、郭菊娥、安尼瓦尔·阿木提：《生态产品供求机理一般性分析——兼论生态涵养区“富绿”同步的路径》，《中国人口·资源与环境》2015 年第 3 期。

② 刘伯恩：《生态产品价值实现机制的内涵、分类与制度框架》，《环境保护》2020 年第 13 期。

③ 张林波、虞慧怡、郝超志、王昊、罗仁娟：《生态产品概念再定义及其内涵辨析》，《环境科学研究》2021 年第 3 期。

④ 李繁荣、戎爱萍：《生态产品供给的 PPP 模式研究》，《经济问题》2016 年第 12 期。

⑤ 张英、成杰、王晓凤、鲁成秀、贺志鹏：《生态产品市场化实现路径及二元价格体系》，《中国人口·资源与环境》2016 年第 3 期。

⑥ 林黎：《我国生态产品供给主体的博弈研究——基于多中心治理结构》，《生态经济》2016 年第 7 期。

⑦ 李宏伟、薄凡、崔莉：《生态产品价值实现机制的理论创新与实践探索》，《治理研究》2020 年第 4 期。

⑧ 李繁荣、戎爱萍：《生态产品供给的 PPP 模式研究》，《经济问题》2016 年第 12 期。

⑨ 洪传春、张雅静、刘某承：《京津冀区域生态产品供给的合作机制构建》，《河北经贸大学学报》2017 年第 6 期。

了政府、市场以及混合的价值实现路径。如曾贤刚等在分析生态产品的概念、特征及其分类的基础上，分析在生态产品供给过程中引入市场化机制的必要性、理论依据，并对基于市场的生态产品供给方式和运行机制进行研究；[①] 丘水林分析了政府、市场等多元化生态产品价值实现途径中政府的角色定位与行为边界；[②] 廖茂林等分别针对生态公共产品、生态私人产品和生态准公共品的价值实现路径进行了讨论；[③] 沈辉等认为，应构建以政府为主导，有交易市场、企业、提供者、受益者等参与的生态产品价值实现路径；[④] 方印等基于生态产品市场化改革背景论述了生态产品价格形成机制的法律规则[⑤]。

3. 政府环境责任的研究

关于政府环境责任的研究跨越了法学、政治学和管理学等多个学科领域，这些丰硕的成果为本书提供了丰富的素材，尤其是法学研究中关于政府环境责任的性质、内容等为本书的写作提供了诸多思路和借鉴。目前，学界关于政府环境责任的研究主要围绕政府环境责任的性质、内容和实现途径等展开。

多数学者都认可了政府环境责任的多重性质。邓可祝论述了政府环境责任的理论基础，针对政府环境政治责任、环境行政责任和环境法律责任分别展开研究；[⑥] 徐祥民认为政府环境质量责任应当是一种“积极责任”，或者说是一种“建设性责任”；[⑦] 颜金认为从法律上来看，政府环境责任是政府在履行环境保护义务和行使环境保护职责过程中因违反相关法律规

① 曾贤刚、虞慧怡、谢芳：《生态产品的概念、分类及其市场化供给机制》，《中国人口·资源与环境》2014 年第 7 期。

② 丘水林：《多元化生态产品价值实现：政府角色定位与行为边界——基于“丽水模式”的典型分析》，《理论月刊》2021 年第 8 期。

③ 廖茂林、潘家华、孙博文：《生态产品的内涵辨析及价值实现路径》，《经济体制改革》2021 年第 1 期。

④ 沈辉、李宁：《生态产品的内涵阐释及其价值实现》，《改革》2021 年第 9 期。

⑤ 方印、李杰：《生态产品价格形成机制及其法律规则探思——基于生态产品市场化改革背景》，《价格月刊》2021 年第 6 期。

⑥ 邓可祝：《政府环境责任的法律确立与实现——〈环境保护法〉修订案中政府环境责任规范研究》，《南京工业大学学报》（社会科学版）2014 年第 3 期。

⑦ 徐祥民：《地方政府环境质量责任的法理与制度完善》，《现代法学》2019 年第 3 期。

定而应承担的法律后果;[①] 冯阳雪等把农村环境治理的政府责任界定为法律责任、伦理责任、经济责任、监管责任四个方面[②]。

政府环境责任的内容也具有多元性。如蔡守秋认为，政府环境责任既包括政府的环境职权、权力，也包括违反职权和权力而承担的法律责任;[③] 张建伟对完善政府环境责任的指导思想、关键问题和重要领域等内容进行了系统剖析，并认为提供环境公共产品和服务是政府环境职责之一;[④] 巩固从责任的客体出发，着眼于责任的结果和目的，认为政府的环境责任在于保障环境的安全、健康、优美、稳定和永续;[⑤] 闫喜凤在绿色发展理念下提出地方政府应履行绿色产业发展、生态保护修复、环境综合治理、生态风险防控、生态文化培育等生态责任;[⑥] 曲延春在元治理视域下分析了农村环境治理中的政府责任;[⑦] 姜渊认为，政府环境责任中的监管责任与行为责任都不必然与“提升环境质量”的责任目标保持一致，只有从环境保护需要出发的目标责任，即环境质量目标责任，才能与之必然契合[⑧]。

政府环境责任的实现需要法律制度的保障。王曦[⑨]、钱水苗[⑩]等结合《环境保护法》的修改论证了政府责任的完善；范俊荣区分了政府环境“违诺”责任和“违约”责任，并论述了政府环境质量责任的完善途径和

---

① 颜金:《地方政府环境责任绩效评价指标体系研究》,《广西社会科学》2018 年第 12 期。

② 冯阳雪、徐鲲:《农村生态环境治理的政府责任：框架分析与制度回应》,《广西社会科学》2017 年第 5 期。

③ 蔡守秋:《论政府环境责任的缺陷与健全》,《河北法学》2008 年第 3 期。

④ 张建伟:《完善政府环境责任——〈环境保护法〉修改的重点》,《贵州社会科学》2008 年第 5 期。

⑤ 巩固:《政府环境责任理论基础探析》,《中国地质大学学报》(社会科学版) 2008 年第 2 期。

⑥ 阎喜凤:《绿色发展理念下地方政府的生态责任》,《行政论坛》2020 年第 5 期。

⑦ 曲延春:《农村环境治理中的政府责任再论析：元治理视域》,《中国人口·资源与环境》2021 年第 2 期。

⑧ 姜渊:《政府环境法律责任的反思与重构》,《中国地质大学学报》(社会科学版) 2020 年第 2 期。

⑨ 王曦:《新〈环境保护法〉的制度创新：规范和制约有关环境的政府行为》,《环境保护》2014 年第 10 期。

⑩ 钱水苗:《政府环境责任与〈环境保护法〉的修改》,《中国地质大学学报》(社会科学版) 2008 年第 2 期。

法律救济；[①] 陈海嵩以环保目标责任制与考核评价制度为中心考察了政府环境责任的实现路径；[②] 辛庆玲提出在生态文明背景下审计与问责是政府环境责任实现的一条有效路径；[③] 朱艳丽从现实问题的角度提出政府环境责任的实现需要有针对性地加强政府环境责任的固定化、有效化和司法化；[④] 马波认为，法制化是实现政府环境责任的重要途径；[⑤] 娄树旺深入分析了地方政府履行环境治理责任的制约因素，提出地方政府有效履行环境治理责任的对策建议[⑥]。

4. 生态产品政府责任的研究

国内关于生态产品的研究主要集中在管理学、政治学和经济学领域，在法学视阈下进行生态产品政府责任的研究相对较少。已有成果主要围绕生态产品政府责任的内容展开。如樊成认为，政府是生态产品最主要的责任承担者，生态产品的政府责任内容包括政府提供生态产品的责任、政府管理生态产品的责任、政府保护生态产品的责任、政府防止生态产品悲剧的责任以及政府未履行义务或未承担责任相关主体对其进行责任追究的不利后果的责任；[⑦] 方印等提出，构建“政府主导+市场主体+公众参与”协同合作的法律机制组织结构，认为政府能够运用民众赋予的正当职权从根源上在生态产品价值实现方面占据主导地位[⑧]。

总体而言，法学界结合生态产品特性进行政府责任的研究比较缺乏，存在政府责任定位不清（政治责任、法律责任和道德责任混淆）、责任范

---

① 范俊荣：《政府环境质量责任研究》，博士学位论文，武汉大学，2009 年，第 141—147 页。

② 陈海嵩：《新〈环境保护法〉中政府环境责任的实施路径——以环保目标责任制与考核评价制度为中心的考察》，《社会科学家》2017 年第 8 期。

③ 辛庆玲：《生态文明背景下政府环境责任审计与问责的路径探析》，《青海社会科学》2019 年第 2 期。

④ 朱艳丽：《论环境治理中的政府责任》，《西安交通大学学报》（社会科学版）2017 年第 3 期。

⑤ 马波：《论政府环境责任法制化的实现路径》，《法学评论》2016 年第 2 期。

⑥ 娄树旺：《环境治理：政府责任履行与制约因素》，《中国行政管理》2016 年第 3 期。

⑦ 樊成：《公众共用物概念辨义——环境法语境下的构建》，博士学位论文，武汉大学，2013 年，第 114—128 页。

⑧ 方印、李杰、刘笑笑：《生态产品价值实现法律机制：理想预期、现实困境与完善策略》，《环境保护》2021 年第 9 期。

围比较狭窄（主要集中在供给责任）等问题，在生态产品的法律属性，生态产品政府责任的法理依据、供给责任与价值实现责任、问责机制等方面都需要深入拓展。

四　研究内容

本书围绕法学视阈下生态产品的属性，结合生态型政府建设背景，分析了政府责任的理论基础、现实依据和正当性，在此基础上，围绕供给责任、价值实现责任和问责机制等内容展开研究，主要包括以下六个方面的内容。

第一章，“双碳”目标实现与生态产品概述。实现“双碳”目标是我国生态文明建设的重要内容，增加生态产品供给是实现“双碳”目标的有效手段。本章梳理了国家文件和环境政策中“生态产品”概念的演进，剖析了国内外关于生态产品的研究现状，对国内关于生态产品的概念进行了对比，在此基础上界定了生态产品的范围并分析了生态产品的生态学属性、经济学属性和法学属性。

第二章，生态产品政府责任的发生逻辑。公众生态需求的增长成为生态产品政府责任的动力源泉。本章从“需求—供给”基本理论出发，论证了生态需求的理论基础，分析了我国社会公众对生态产品的多层次需求和多样化诉求，以及建设生态型政府的时代背景和政府的角色变迁与职责演进。在区分政府政治责任、行政责任、法律责任和道德责任的基础上，将政府责任定位为法律责任，同时兼顾政治责任和行政责任，同时剖析了政府责任的必要性。

第三章，生态产品政府责任的缺位与复位。我国环境保护和经济发展具有“共时性”的特征，环境立法也呈现出明显的“利益限制”理念，致使政府在生态产品供给中存在“识别不到位”“供给不充分”“管理不科学”以及“价值实现渠道不通畅”等问题。本章借助于绿色发展理念、“两山”理论和治理理论，分析了中央政府、地方各级政府、生态环境部门和其他部门在生态产品供给中的不同职责，剖析了由政府的责任目标、行为责任、监管责任和宣传引导责任构成的责任体系。

第四章，生态产品供给中的政府责任。生态产品的供给不能依赖任何单一主体，各个主体间必须协同合作，但纯生态产品的供给仍然以政府为最主要的主体。本章论述了政府借助于生态空间规划、生态红线、生态空间用途管制、重点生态功能区等制度，如何实现纯生态产品的创造、维系和改善。重点生态功能区是提供生态产品的重要区域，本章探讨了重点生态功能区建设中的政府责任。

第五章，生态产品价值实现中的政府责任。我国在实践中探索出了生态产业化、生态产品（服务）交易、生态修复和生态补偿等不同的价值实现模式，形成了政府主导、市场主导以及混合式的价值实现路径。实践中各种生态环境损害行为影响了生态产品供给和价值的实现，对生态环境损害的救济形成了行政救济和司法救济两种路径，政府均是最主要的责任主体。本章探讨了不同价值实现路径中政府的角色定位和职责，并分析了行政救济和司法救济路径的完善。同时，还构建了生态产品价值实现的激励机制，形成约束与激励并存的制度体系。

第六章，生态产品政府责任的问责机制。问责机制是实现生态产品政府责任的重要保障。完善生态产品政府责任，需要从同体问责和异体问责两个方面着手。我国近年来实施的环境保护督察、党政同责和环境公益诉讼制度对于督促党委和政府履行环境保护职责、增强生态产品供给和维护发挥了重要作用，本章着重对上述制度进行分析。

五 研究目标、方法、创新点与不足

（一）研究目标

其一，深化生态产品政府责任的法学理论基础，扩展和丰富生态产品政府责任的具体内容、法律制度和问责机制，弥补生态产品政府责任法学研究的不足，促进我国环境法学研究的丰富和完善。

其二，为增强政府生态产品生产能力、促进生态产品的价值实现提供有力的法律制度保障，为完善政府在生态产品识别、供给、交易和管理方面的法律规定和制度提供法理支持，为完善生态产品政府责任立法提供参考。

（二）研究方法

1. 综合运用多学科研究方法

采用法理学、法经济学、法社会学研究方法，从“需求—供给”基本理论出发，分析我国政府在生态产品供给、管理和价值实现中存在的问题，探讨政府责任的具体内容和实现机制。

2. 类型化分析方法

对生态产品和价值实现路径进行类型化分析，针对不同类型生态产品选择不同供给模式。

3. 比较分析方法

该研究方法在本书中得到较多应用。本书从不同角度进行生态产品概念的对比分析。此外，对于生态产品的不同供给模式、价值实现路径等内容也进行比较分析。

（三）创新点

其一，结合生态产品的生态学属性和经济学属性分析了生态产品的法学属性。

其二，剖析了政府在生态产品识别、供给、管理和价值实现方面存在的不足，在此基础上，对政府责任性质进行了合理定位，探讨了政府责任的体系。

其三，明确指出，政府不仅是生态产品的供给者，还应当是生态环境损害救济的责任主体，通过行政执法、生态环境损害赔偿诉讼等方式促进生态产品供给和价值实现。

其四，探讨了政府责任的同体问责和异体问责机制，从党政同责、环境行政公益诉讼等角度论证了生态产品政府责任的追究制度。

（四）不足之处

生态产品政府责任问题涉及内容广泛，本书关于政府在生态产品管理方面的责任内容涉及较少，对于生态产品价值实现中的政府责任有待于深入和加强，对于不同层级政府责任内容的论证需要进一步深入，对这些问题的探索将会贯穿在笔者以后的研究中。

第一章　“双碳”目标实现与生态产品概述

“双碳”目标的提出彰显了我国作为大国的责任与担当，是我国坚持绿色发展道路、加强生态文明建设的重要内容。增加生态产品供给有助于贯彻国家“减排”政策、推动人与自然和谐目标的实现。

“双碳”目标是国家重要的环保义务，需要政府积极履行供给生态产品的责任。目前，生态产品主要存在于我国环境政策和文件中，尚未在法律中得到明确规定。从生态文明建设的现实需求看，生态产品概念需要从政策规范上升到法律规范，并形成完善的制度体系。因此，需要厘清生态产品的含义和范围，并在法学视角下分析其性质，这是探讨生态产品政府责任的前提。

第一节　“双碳”目标实现与生态产品供给

一　“双碳”目标的提出与确立

实现“双碳”目标是我国生态文明建设的重要内容。“双碳”是碳达峰与碳中和的简称。“碳达峰”是指在某一个时点，二氧化碳的排放不再增长达到峰值，之后逐步回落；“碳中和”指的是，在一定时间内，通过植树造林、节能减排等途径，抵消自身所产生的二氧化碳排放量，实现二氧化碳“零排放”。①

“双碳”目标的实现需要国家“减排”政策的推行。2020 年 9 月 22 日，习近平总主席在第七十五届联合国大会一般性辩论上向全世界庄严

① 杨书杰：《什么是“碳达峰”和“碳中和”?》，2020 年 12 月 23 日，央视网（http://news.cctv.com/2020/12/23/ARTIV9aYjTKzP1ngWlCOfI93201223.shtml）。

布：“中国将提高国家自主贡献力度，采取更加有力的政策和措施，二氧化碳排放力争于 2030 年前达到峰值，努力争取 2060 年前实现碳中和。”[①] 这是我国作为负责任大国对全世界的庄严承诺，引起了国际社会的巨大反响。2020 年 11 月 30 日，国家发展和改革委员会发布《中共中央关于制定国民经济和社会发展第十四个五年规划和二〇三五年远景目标的建议》，明确将“碳排放达峰后稳中有降”列入中国 2035 年远景目标。2021 年 3 月，习近平总书记在中央财经委员会第九次会议上强调，实现碳达峰、碳中和是一场广泛而深刻的经济社会系统性变革，要把碳达峰、碳中和纳入生态文明建设整体布局中，拿出抓铁有痕的劲头，如期实现 2030 年前碳达峰、2060 年前碳中和的目标。会议指出，“十四五”期间要提升生态碳汇能力，强化国土空间规划和用途管制，有效发挥森林、草原、湿地、海洋、土壤、冻土的固碳作用，提升生态系统碳汇增量。[②] 2021 年国务院发布《关于加快建立健全绿色低碳循环发展经济体系的指导意见》，把“双碳”目标作为目的之一。2021 年 10 月 24 日，中共中央、国务院发布了《关于完整准确全面贯彻新发展理念做好碳达峰碳中和工作的意见》（以下简称为《碳达峰碳中和意见》），为如期实现“双碳”目标提供了具体的行动指南。

“双碳”目标是国家重要的环保义务，需要政府责任的积极履行。国家义务在碳排放上的核心就是环境保护的义务[③]。《碳达峰碳中和意见》明确提出要“压实地方责任”。通过落实领导干部生态文明建设责任制，地方各级党委和政府要坚决扛起碳达峰、碳中和责任，明确目标任务，制定落实举措，自觉为实现碳达峰、碳中和做出贡献。在应对全球气候变化的时代要求下，围绕“双碳”目标实现，探讨生态产品政府责任，是在生态环境领域、自然资源领域对国家治理体系和治理能力现代化的一次有力推动，具有重要的理论意义和实践应用价值。

---

① 曹志斌：《习近平在第七十五届联合国大会一般性辩论上发表重要讲话》，2020 年 9 月 22 日，中华人民共和国中央人民政府网（http：//www. gov. cn/xinwen/2020－09/22/content_5546168. htm）。

② 李萌：《习近平主持召开中央财经委员会第九次会议》，2021 年 3 月 15 日，中华人民共和国中央人民政府网（http：//www. gov. cn/xinwen/2021-03/15/content_5593154. htm）。

③ 洪冬英：《“双碳”目标下的公益诉讼制度构建》，《政治与法律》2022 年第 2 期。

二 “双碳”目标实现的重要途径：增强生态产品供给

碳排放成为影响气候变化和环境质量的核心要素，确立“双碳”目标是我国实现可持续发展、绿色发展的内在要求。增加生态产品供给，既是生态文明建设的应有之义，也是实现“双碳”目标的有效途径。“双碳”目标的如期实现和增强生态产品供给呈现正相关关系。《碳达峰碳中和意见》确立的“双碳”目标也蕴含着增强生态产品供给的要求，例如，通过“强化国土空间规划和用途管控，严守生态红线，严控生态空间占用，稳定现有森林、草原、湿地、海洋、土壤、冻土、岩溶等固碳作用”以及“巩固生态系统碳汇能力”。因此，“双碳”目标的确立提出了增加生态产品供给的要求，增加生态产品供给是实现“双碳”目标的有效手段。

首先，增加生态产品供给有助于破解经济社会发展困境，这是“双碳”目标实现的关键一环。生态产品的供给增加推动着全方位深层次的系统性变革：一方面以产业生态化对传统产业升级改造，推动全产业链绿色化生态化，淘汰落后高排放高污染产能，开发利用清洁能源，发展促进生态循环经济，增加生态产品的生产和供给的同时拉动绿色消费转型，真正实现减排降耗；另一方面以生态产业化在环境承载力阈值内合理布局生态产业，在增加生态产品供给的指引下培育绿色的产业体系、构建低碳的产业结构，在国土空间内通过留白增绿的方式优化生态系统结构，进一步提升固碳能力。根据《碳达峰碳中和意见》，实施生态保护修复、国土绿化、耕地质量提升等工程和行动是实现“巩固生态系统碳汇能力”“提升生态系统碳汇增量”的重要手段。这些工程和行动本身是供给生态产品的重要途径。因此，生态产品的供给增加能从根源上减少碳排放量和降低产业能耗，增强整体的生态碳汇水平和碳源治理能力，实现产业体系结构、能源消费构成、生产生活方式、空间管控规划的多方面转变，以绿色循环的经济体系、清洁低碳的能源体系、生态化的技术体系引领促成经济社会发展的新格局，从而为“双碳”目标的如期达成提供坚实的现实基础。

其次，增加生态产品供给有助于培育绿色发展新动能，这是“双碳”目标实现的内在追求。增加生态产品供给有利于推进我国步入绿色发展的新阶段，让绿色低碳作为发展的核心竞争力以控制碳排放增长率和降低碳排放强度，进而提升双碳目标实现的内生动力。“双碳”目标要求我们将生态环境保护与经济高质量发展统筹起来，做到“在发展中保护、在保护中发展”，既要保持住经济优势和保证经济效益，又需提升生态系统要素的质量和稳定性。而生态产品本身蕴含着经济价值、生态价值等价值内容，通过对生态产品的价值实现让生态环境保护不再成为经济发展的成本，实现生态保护效益外部化和生态保护成本的内部化，构筑经济增长与环境脱钩、与碳排放脱钩的新引擎，真正推动生态与经济双赢。增加生态产品供给在生产端引致增加具有生态效益的生产要素，可作为推进新旧动能转换的重要抓手和培育绿色发展新动能的主体空间，推进低碳高质量发展。这是将绿水青山转化为金山银山的关键路径，亦是对可持续发展的根本遵循，还是切合实现“双碳”目标的现实需要和内在要求。

最后，增加生态产品供给有助于推动人与自然和谐，这是“双碳”目标实现的核心价值。人民对美好生活的需要包括对优美生态环境和良好自然资源的需求，增加生态产品的供给在实现经济富和生态美的同时，为人民带来了生态福祉，以生产生活方式的变革推动实现人与自然的和谐共生。增加生态产品供给可以减少生态危机、控制生态风险、维系生态安全，在统一经济、生态和社会效益方面发挥着独特作用，为应对当前发展变局提供了探讨视角，贡献了处理人与自然关系问题的关键参考，是助力“双碳”目标实现的可行路径，同时也是对人与自然和谐共生的实践应答，而这是“双碳”目标核心的价值追求。

第二节　生态产品概念的提出与演进

生态产品政府责任承担的前提是明确生态产品概念的内涵和外延，但是，生态产品概念主要存在于我国环境政策和文件中，在法律中尚无明确规定。从生态文明建设的现实需求看，生态产品概念需要从政策规范上升到法律规范，并形成完善的制度体系。

一　生态产品的提出与探索

（一）生态产品概念的提出

早在2008年实施的《全国生态功能区划》（2015年修编）中已经涉及生态空间划分问题。生态空间是具有生态功能的国土空间，《全国生态功能区划》没有明确使用“生态产品”的提法，而是基于区域生态系统格局、生态系统服务功能等空间分异规律，将区域划分成不同生态功能地区，以促进生态功能区域保护生态系统服务功能的实现，因此，《全国生态功能区划》划分的“生态调节功能区、产品提供区”等区域对于提供生态产品具有重要意义。

在我国，生态产品首次出现于2010年国务院印发的《全国主体功能区划》。《全国主体功能区划》认为，人类除了具有对农产品、工业品和服务产品的需求外，还具有对清新空气、清洁水源、宜人气候等生态产品的需求。我国提供工业品的能力迅速增强，提供生态产品的能力却在减弱，而随着人民生活水平的提高，人们对生态产品的需求在不断增强，因此，《全国主体功能区划》提出了“提供生态产品的理念”，认为“必须把提供生态产品作为发展的重要内容，把增强生态产品生产能力作为国土空间开发的重要任务”。通过分析可以看出，《全国主体功能区划》中认定的生态产品是具有生态功能的自然要素。

《全国主体功能区划》从优化国土空间的角度规划了基于不同功能的主体功能区。我国不同区域实行差异化的开发理念，从提供产品的角度划分，或者以提供工业品和服务产品为主体功能，或者以提供农产品为主体功能，或者以提供生态产品为主体功能。其中，关系全局生态安全区域的主体功能区以提供生态产品为主要功能，以提供农产品和服务产品及工业为从属功能，否则，就可能损害生态产品的生产能力。该类型的区域主要是指《全国主体功能区划》规划的“限制开发区域”和“禁止开发区域”中的“重点生态功能区”。该区域把增强提供生态产品能力作为首要任务，具有吸收二氧化碳、制造氧气、涵养水源、保持水土、净化水质、防风固沙、调节气候、清洁空气、减少噪音、吸附粉尘、保护生物多样性、减轻自然灾害等多种生态功能。

《全国主体功能区划》明确了生态产品的定义和重要意义，即生态产品是指维系生态安全、保障生态调节功能、提供良好人居环境的自然要素，包括清新的空气、清洁的水源和宜人的气候等。《全国主体功能区划》把生态产品作为和工业品、服务产品、农产品并列的一种产品类型，确定了生态产品作为人类生存发展必需品的重要意义。

（二）生态产品意义的凸显

党的十八大报告提出要“大力推进生态文明建设”，加大自然生态系统和环境保护力度，要“增强生态产品生产能力”。此外，报告还指出了增强生态产品生产能力的着力点，包括“实施重大生态修复工程，增强生态产品生产能力，推进荒漠化、石漠化、水土流失综合治理，扩大森林、湖泊、湿地面积，保护生物多样性”等措施。根据上述语境分析，党的十八大报告中的生态产品主要是指从自然系统中生产出的具有生态功能的产品。

党的十九大报告对生态产品的发展体现在两个方面：一是从解决社会主要矛盾的角度明确了供给生态产品的重要意义。党的十九大报告指出，我国当前社会的主要矛盾“已经转化为人民日益增长的美好生活需要和不平衡不充分的发展之间的矛盾”。随着社会的不断发展进步，人民对于幸福美好生活的需要日益迫切且要求愈加丰富，不仅对物质文化生活提出了较高层次的要求，在生态环境等方面的需求也日益增长。因此，我们需要“加快生态文明体制改革，建设美丽中国”。“既要创造更多物质财富和精神财富以满足人民日益增长的美好生活需要，也要提供更多优质生态产品以满足人民日益增长的优美生态环境需要。”二是该报告提出将提供更多“优质生态产品”纳入民生范畴。习近平总书记多次强调“环境就是民生”，《中共中央、国务院关于加快推进生态文明建设的意见》也指出，“良好生态环境是最公平的公共产品，是最普惠的民生福祉”。从民生角度看，要持续供给更多的优质生态产品，来满足人民日益增长的对美好生活、特别是对美丽环境的需求。①

（三）生态产品供给的加强

2016年12月5日，国务院印发了《“十三五”生态环境保护规划》（以下简称为《“十三五”环保规划》），明确“十三五”时期我国环保工作的指导思想之一是“为人民提供更多优质生态产品”，同时还规定了提供生态产品的多项措施，使生态产品供给政策进一步落实。

《“十三五”环保规划》规定增强生态产品供给的措施主要包括两类：一类是在其他生态环境保护措施中论述了增强生态产品供给的措施。例如，通过全面落实主体功能区规划，保持并提高限制开发的重点生态功能区的生态产品供给能力；划定并严守生态保护红线，保护和提升森林、草

① 李佐军：《生态文明在十九大报告中被提升为千年大计》，《经济参考报》2017年10月23日第8版。

原、河流、湖泊、湿地、海洋等生态系统功能，提高优质生态产品供给能力；促进四大区域绿色协调发展，建设生态产品供给区；深化国家重点生态功能区保护和管理，强化对区域生态功能稳定性和提供生态产品能力的评价和考核。另一类是在第七章“加大保护力度，强化生态修复”中专门规定的“扩大生态产品供给”的具体措施。

1. 推进绿色产业建设。加强林业资源基地建设，加快产业转型升级，促进产业高端化、品牌化、特色化、定制化，满足人民群众对优质绿色产品的需求。建设一批具有影响力的花卉苗木示范基地，发展一批增收带动能力强的木本粮油、特色经济林、林下经济、林业生物产业、沙产业、野生动物驯养繁殖利用示范基地。加快发展和提升森林旅游休闲康养、湿地度假、沙漠探秘、野生动物观赏等产业，加快林产工业、林业装备制造业技术改造和创新，打造一批竞争力强、特色鲜明的产业集群和示范园区，建立绿色产业和全国重点林产品市场监测预警体系。

2. 构建生态公共服务网络。加大自然保护地、生态体验地的公共服务设施建设力度，开发和提供优质的生态教育、游憩休闲、健康养生养老等生态服务产品。加快建设生态标志系统、绿道网络、环卫、安全等公共服务设施，精心设计打造以森林、湿地、沙漠、野生动植物栖息地、花卉苗木为景观依托的生态体验精品旅游线路，集中建设一批公共营地、生态驿站，提高生态体验产品档次和服务水平。

3. 加强风景名胜区和世界遗产保护与管理。开展风景名胜区资源普查，稳步做好世界自然遗产、自然与文化双遗产培育与申报。强化风景名胜区和世界遗产的管理，实施遥感动态监测，严格控制利用方式和强度。加大保护投入，加强风景名胜区保护利用设施建设。

4. 维护修复城市自然生态系统。提高城市生物多样性，加强城市绿地保护，完善城市绿线管理。优化城市绿地布局，建设绿道绿廊，使城市森林、绿地、水系、河湖、耕地形成完整的生态网络。扩大绿地、水域等生态空间，合理规划建设各类城市绿地，推广立体绿化、屋顶绿化。开展城市山体、水体、废弃地、绿地修复，通过自然恢复和人工修复相结合的措施，实施城市生态修复示范工程项目。加强城市周边和城市群绿化，实施“退工还林”，成片建设城市森林。大力提高建成区绿化覆盖率，加快老旧公园改造，提升公园绿地服务功能。推行生态绿化方式，广植当地树种，乔灌草合理搭配、自然生长。加强古树名木保护，严禁移植天然大树进城。发展森林城市、园林城市、森林小镇。到 2020 年，城市人均公园绿地面积达到 14.6 平方米，城市建成区绿地率达到 38.9%。

国家还通过划定生态红线、进行生态空间用途管控等措施，加强生态产品供给保障。《环境保护法》规定，国家在重点生态功能区、生态环境敏感区和脆弱区等区域划定生态保护红线，实行严格保护。2017，国土资源部发布的《自然生态空间用途管制办法（试行)》（以下简称为《用途管制办法》）规定了以提供生态产品或生态服务为主导功能的国土空间用途管制的基本原则、基本措施、维护修复要求和实施保障等内容。2017 年，中共中央办公厅、国务院办公厅印发的《关于划定并严守生态保护红线的若干意见》（以下简称为《生态红线意见》）通过划定生态红线的方式保障生态产品供给。划定并严守生态保护红线，是贯彻落实主体功能区制度、提高生态产品供给能力和生态系统服务功能的重要举措，也是实施生态空间用途管制、构建国家生态安全格局的有效手段，是健全生态文明制度体系、推动绿色发展的有力保障。2019 年，《关于建立以国家公园为主体的自然保护地体系的指导意见》再次提出“提升生态产品供给能力，维护国家生态安全，为建设美丽中国、实现中华民族永续发展提供生态支撑”的要求。

（四）生态产品价值实现的强化

生态产品具有重要的生态功能，如何促进生态产品生态价值以及经济价值体现，实现从“绿水青山”到“金山银山”的转化，是贯彻实施绿色发展战略的重要内容。

2017 年，中共中央办公厅、国务院办公厅印发《关于完善主体功能区战略和制度的若干意见》，明确提出对生态功能区县地方政府考核生态产品价值，并将贵州、江西、浙江、青海列为国家生态产品价值实现机制试点地区，标志着生态产品价值实现进入了实质性阶段。随后，党的十九大报告中提出要提供更多优质生态产品以满足人民日益增长的优美环境需要。2018年习近平总书记在深入推动长江经济带发展座谈会上强调，要选择具备条件的地区开展生态产品价值实现机制试点，探索政府主导、企业和社会各界参与、市场化运作、可持续的生态产品价值实现路径。2019年，浙江丽水、江西抚州展开试点，标志着生态产品价值实现机制进入实践探索阶段。2020年10月29日，《中共中央关于制定国民经济和社会发展第十四个五年规划和二〇三五年远景目标的建议》明确要“建立生态产品价值实现机制”。2021年4月，中共中央办公厅、国务院办公厅印发了《关于建立健全生态产品价值实现机制的意见》，进一步明确提出要“积极提供更多优质生态产品满足人民日益增长的优美生态环境需要，深化生态产品供给侧结构性改革，不断丰富生态产品价值实现路径”；同时，明确了生态产品价值实现的指导思想、基本原则、战略取向和主要目标，规定了生态产品调查监测、生态产品价值评价、生态产品经营开发、生态产品保护补偿、生态产品价值实现保障与推进机制内容。目前，浙江、江西、贵州、青海4个国家生态产品价值实现机制试点省份效果初显。在试点基础上，截至2022年3月，自然资源部发布了3批共计32个生态产品价值实现典型案例，总结了国内外生态产品价值实现的先进经验。

二 生态产品概念解析

（一）广义与狭义的生态产品

生态产品属于一个比较新的概念，经济学界对其探讨稍多。在20世纪90年代，基于生态设计理念产生的产品常常被认为是生态产品，这种产品主要是把环境因素纳入产品设计中。[①] 随着国家环境文件和环境政策对生态产品的关注，学界研究也逐渐增多，对于生态产品概念的理解，也从开始的“生态型”产品深入到具有“生态功能”的产品这一阶段。

目前学界主要从狭义和广义等角度对生态产品展开研究。

1. 狭义说

狭义说强调生态产品的自然属性。曾贤刚等认为，生态产品是指维持生命支撑系统、保障生态调节功能、提供环境舒适性的自然要素，包

① 王兴华：《西南地区发展生态产品存在的问题与对策研究》，《生态经济》2014年第4期。

括干净的空气、清洁的水源、无污染的土壤、茂盛的森林和适宜的气候等。[①] 马涛认为，狭义上的生态产品是指维系生态安全、保障生态调节功能、提供良好人居环境，包括清新的空气、清洁的水源、生长的森林、适宜的气候等看似与人类劳动没有直接关系的自然产品。[②] 杨伟民认为“生态产品”就是良好的生态环境，包括清新空气、清洁水源、宜人气候、舒适环境，这些都是人类生活的必需品，是消费品。[③] 学界分析的狭义上的生态产品主要是指自然要素，与国外“生态系统服务”概念类似。

该概念与《全国主体功能区划》对生态产品的界定基本一致，即“人类需求……包括对清新空气、清洁水源、宜人气候等生态产品的需求。从需求角度，这些自然要素在某种意义上也具有产品的性质。保护和扩大自然界提供生态产品能力的过程也是创造价值的过程，保护生态环境、提供生态产品的活动也是发展。”可见，《全国主体功能区划》规定的生态产品是具有产品性质的自然要素。

狭义上的生态产品与生态农产品、生态工业品相区别。生态农产品、生态工业品等只是生态友好型产品，并不是真正的生态产品。[④]

2. 广义说

按照广义说的观点，生态产品范围上分为两种，即包括干净的空气、清洁的水源等自然要素，也包括生态农产品、生态工业品等符合生态保护要求的传统产品。试举几例如下：

武卫政认为，生态产品是指满足人类生活和发展需要的各种产品中那些与自然生态要素或生态系统有比较直接关系的产品，例如能提供或生产清洁的水和空气的产品，能满足健康生活要求的食品，有利于人们身心健康发展的自然生态系统服务等。包括清洁水源和空气，无公害食品（有

① 曾贤刚、虞慧怡、谢芳：《生态产品的概念、分类及其市场化供给机制》，《中国人口·资源与环境》2014年第7期。

② 马涛：《依靠市场机制推动生态产品生产》，《中国证券报》2012年11月28日。

③ 杨伟民：《“生态产品”理念是规划中的一个创新》，2011年6月8日，中国网（http://www.china.com.cn/news/2011-06/08/content_22736629.htm）。

④ 曾贤刚、虞慧怡、谢芳：《生态产品的概念、分类及其市场化供给机制》，《中国人口·资源与环境》2014年第7期。

机食品），生态旅游等。①

还有一种观点认为，生态产品概念范围日益扩大，已经从最初的自然要素发展为自然要素产物，目前又发展为生态系统的终端产品或服务，② 具体如图 1-1 所示。类似的观点还包括：

张林波等认为，生态产品是指生态系统生物生产和人类社会生产共同作用提供给人类社会使用和消费的终端产品或服务，包括保障人居环境、维系生态安全、提供物质原料和精神文化服务等人类福祉或惠益，是与农产品和工业产品并列的、满足人类美好生活需求的生活必需品。③

张兴等认为，生态产品既包括从自然系统中产出的纯自然功能的生态产品，如清新的空气、清洁的水源、宜人的气候、舒适的环境等；同时也包含对自然生态系统功能产品经人类劳动进行产业化开发加工后衍生形成的、能够满足人类使用的生态产品，如森林康养、林业碳汇、温泉养生等。生态产品一方面具有物质性产品价值，另一方面也具有功能性服务价值。④

潘家华认为，生态产品的内涵不仅包括自然要素和自然系统的完整性，表征为包括山青、水清、天蓝、宜人气候等，以及食物链的完整、生态功能的健全等系统性服务，也包括自然属性的物质和文化产品，包括水资源、野生动植物资源。⑤

（二）生态产品的语义学分析

从语义上分析，生态产品由“生态”和“产品”两个核心词语构成。“生态”属于自然科学的概念，是指“生物在一定的自然环境下生存和发展的状态”。⑦ 由此可见，生态强调的是生物之间的关系或生物的自然状

---

① 武卫政：《增强生态产品生产能力——访环保部环境与经济政策研究中心主任夏光》，《人民日报》2012 年 11 月 22 日第 20 版。

② 沈辉、李宁：《生态产品的内涵阐释及其价值实现》，《改革》2021 年第 9 期。

③ 张林波、虞慧怡、郝超志、王昊、罗仁娟：《生态产品概念再定义及其内涵辨析》，《环境科学研究》2021 年第 3 期。

④ 张兴、姚震：《新时代自然资源生态产品价值实现机制》，《中国国土资源经济》2020 年第 1 期。

⑤ 潘家华：《生态产品的属性及其价值溯源》，《环境与可持续发展》2020 年第 6 期。

⑥ 沈辉、李宁：《生态产品的内涵阐释及其价值实现》，《改革》2021 年第 9 期。

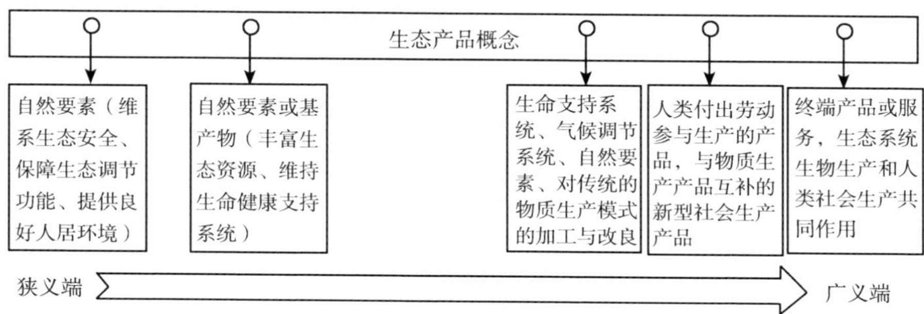

图 1-1 生态产品概念演化过程①

态，“产品”意指“生产出来的物品”②，而“生产”是人们利用生产工具改变劳动对象创造产品的活动。因此，“产品”一词不仅强调其本身所具有的价值，还强调其是人类自觉活动的产物，人类为了生产生态产品进行了大量的投入和付出。

从结构上分析，生态产品既可以理解为偏正结构，也可以作动宾结构的语义解读。如果按照偏正结构理解，生态产品强调的是具有“生态功能”或“生态价值”的产品；如果从动宾结构解读，“生态”二字可作动词用，即“源于生态系统的”或“由生态系统产出的”，生态系统从狭义上理解应是指自然系统。③ 因此，可以从字面上把生态产品理解为从自然系统中生产出的具有生态功能的产品。但同时，“产品”一词的使用又意味着生态产品并非纯粹来源于自然系统，其还凝结着一定的人类劳动。

党的十八大报告指出了增强生态产品生产能力的主要着力点，包括实施重大生态修复工程，推进荒漠化、石漠化、水土流失综合治理，扩大森林、湖泊、湿地面积，保护生物多样性等，这些措施都是在尊重自然的基础上，借助于人类力量改善生态环境，其中强调了生态产品中“生产”的属性。

本书认为，生态产品是指以生态系统功能为基础，由自然力和人类劳动共同作用形成，满足人们多层次需求的最终产品和服务；在存在形态上

① 商务国际辞书编辑部：《现代汉语词典》，商务印书馆 2017 年版，第 937 页。
② 商务国际辞书编辑部：《现代汉语词典》，商务印书馆 2017 年版，第 112 页。
③ 张华：《加强生态产品生产能力研究》，《生态经济》2014 年第 4 期。

包括经过人工修复、保护和提升的自然要素，以及由生态产业化形成的经营性产品。[①] 是前文分析的第二种意义上的广义生态产品。需要明确的是，“自然要素”强调的是一种结果而非状态，“自然要素”并非纯自然的，也可以借助于人工力量促进自然要素的形成。因此，清新的空气、干净的水源、茂盛的林木、肥沃的土壤等自然要素均宜被识别为生态产品。从形态上分析，生态产品涵盖有形生态产品和无形生态产品两个领域；既可以是自然生成，也可以是人工生产。

三 生态产品相关概念辨析

在学术研究和国家政策文件中，出现了很多与生态产品相关的概念，需要厘清诸多概念之间的异同，以在更规范的意义上使用生态产品。

（一）环境友好产品

环境友好产品，即对环境友好的产品，它强调该产品符合资源节约和环境保护的要求。一项产品是否属于环境友好产品，要看其从开发到生产再到销售、流通以及最后的降解处理等一整套流程中，是否以充分减少对环境的不良影响为底线。我国《环境保护法》中未就生态产品给出明确具体的规定，但规定了“国家鼓励和引导公民、法人和其他组织使用有利于保护环境的产品和再生产品，减少废弃物的产生”。该条款规定的便是环境友好产品。两者相比较，生态产品是从人的角度出发，强调生态产品对人类生态需求的供给；而环境友好产品，则是强调产品对环境产生的良好影响。从范围上分析，环境友好产品范围更广，而生态产品范围较为狭窄。

（二）生态设计

生态产品一开始源于生态设计理念，但生态产品和生态设计有着明显的区别。我国产品设计的发展经历了从传统产品设计理念到产品绿色设计理念再到产品生态设计理念的发展过程。除了考虑产品的性能、质量和成本，生态设计还考虑产品废弃之后的循环问题、产品价格是否合理、功能是否齐全、外部是否美观等因素，从而设计出既对环境友好又能满足人类需求的产品。除此之外，生态设计还要求在产品生命周期的每一环节都要

---

① 李宏伟、薄凡、崔莉：《生态产品价值实现机制的理论创新与实践探索》，《治理研究》2020 年第 4 期。

考虑其可能产生的环境负荷，通过设计上的改进使产品对环境的不利影响降至最低。但是，区别于生态产品，生态设计更像是一种环境技术手段。它可以通过选择对环境友好的材料、尽量减少原材料的使用、优化生产技术、延长产品生命周期等手段来实现。

（三）自然产品

生态产品和自然产品有很多交叉之处，很多生态产品，例如，清洁的空气、丰富的生物多样性等也是自然产品，但两者的范围和属性有所区别。自然产品的范围比生态产品更加广泛，很多自然产品并非生态产品。在自然产品中，具有优良性的那一部分才是生态产品，例如，浑浊的水源即不属于生态产品。从属性上分析，自然产品具有天然属性，它是自然系统自发生长的产物，而生态产品中凝结了人类的自觉活动，并非纯天然存在，因此，具有社会属性。[①] 当然，即使是人类的自觉活动，也需要遵守自然规律、生态规律。

（四）自然资源

自然资源是和社会资源相对应的一个概念，联合国环境规划署对自然资源的定义是："所谓自然资源，是指在一定时间、地点条件下能够产生经济价值的，以提高人类当前和将来福利的自然环境因素和条件的总称。"[②]

自然资源和生态产品具有明显的交叉性，某些生态产品本身就是自然资源，两者都具有有用性，都能够满足人类的某种需求。但两者的区别也较为明显，传统观念里，自然资源这一概念侧重于资源的经济价值，其生态价值在近年来才受到人们的关注，但对其经济价值的关注一直没有消除；而生态产品更加注重其生态价值，生态价值是生态产品的核心属性。

（五）生态系统服务

生态系统服务指生态系统与生态过程所形成及维持的人类赖以生存的自然环境条件和效用。从功能角度生态系统服务可分为供给服务、调节服务、文化服务和支持服务。生态系统服务类似于狭义的生态产品。广义的生态产品还包括通过人的劳动而成为人类社会的一种经济产品，并且在某些情况下，生态系统通过部分生态系统服务（如固碳、释氧、产生清新

---

① 王琳琳：《你了解“生态产品”吗?》，《中国环境报》2012 年 11 月 20 日第 8 版。

② 刘成武、杨志荣、方中权等：《自然资源概论》，科学出版社 2001 年版，第 24 页。

空气）来生产生态产品，即此时两者体现为过程和结果的关系。[①]

四 生态产品的类型

按照不同的标准，可以把生态产品分为多种类型。

按照产品形态不同，生态产品可以分为两大类：一类是与人类劳动有着直接因果联系，诸如有机食品、绿色农产品、木材等有形的物质产品，这类生态产品与其他一般物质产品没有本质的区别；另一类则是表象上看与人类劳动没有直接因果关系，但事实上却有着间接因果联系，诸如空气、地表水、森林、湿地等无形的产品。[②] 无形生态产品类似于狭义的生态产品。

从产品供给的角度分析，生态产品可归为四种类型：自然要素产品，如清新的空气、干净的水、宜人的气候等，以及系统功能；自然属性产品，如各种野生动植物及其产品；依赖自然要素和自然属性的生态衍生品，如人工林、林下中草药、自然放养的禽畜养殖等；生态标识产品，通过生态中性认证的产品。[③]

根据价值实现模式或路径的不同，生态产品可以分为公共性、准公共性和经营性生态产品三类。公共性生态产品是狭义的生态产品，包括清新空气、洁净水源、安全土壤和清洁海洋等人居环境产品，以及物种保育、气候变化调节和生态系统减灾等维系生态安全的产品，是一种纯公共产品；经营性生态产品包括农林产品、生物质能等与第一产业紧密相关的物质原料产品，以及旅游休憩、健康休养、文化产品等依托生态资源开展的精神文化服务；准公共生态产品主要包括可交易的排污权、碳排放权等污染排放权益，取水权、用能权等资源开发权益，总量配额和开发配额等资源配额指标。[④]

也有学者持类似的观点，把生态产品分为生态私人产品、生态公共产品以及生态准公共产品等：（1）生态私人产品，是指具有排他性、竞争

① 刘江宜、牟德刚：《生态产品价值及实现机制研究进展》，《生态经济》2020 年第 10 期。

② 朱久兴：《关于生态产品有关问题的几点思考》，《浙江经济》2008 年第 14 期。

③ 潘家华：《生态产品的属性及其价值溯源》，《环境与可持续发展》2020 年第 6 期。

④ 张林波、虞慧怡、郝超志、王昊、罗仁：《生态产品概念再定义及其内涵辨析》，《环境科学研究》2021 年第 3 期。

性的公共产品，如可直接参与市场交易的林下经济产品、生态旅游产品等。（2）生态公共产品，是指具有非排他性、非竞争性的生态公共产品。如气候调节、水土涵养、清洁的空气、干净的土壤等。（3）生态准公共产品，具有有限的竞争性以及排他性，包括生态准公共产品以及生态俱乐部产品两类。生态准公共产品具有非排他性、竞争性，如流域水资源、水权、碳排放权等生态产权市场；生态俱乐部产品具有排他性、非竞争性，如土地承包经营权、集体林权等。[①]

本书从价值实现和政府责任角度，把生态产品分为纯生态产品、混合生态产品和生态私人产品三种类型。纯生态产品是指具有非竞争和非排他性的生态产品，其供给主体主要是政府；混合生态产品涵盖了生态准公共产品以及生态俱乐部产品两类，其供给主体包括政府、市场；生态私人产品是指具有竞争性和排他性的生态产品，其供给主体主要是市场和第三部门。

第三节 多维视野下的生态产品性质

一 生态产品的生态学性质

生态产品属于自然系统的一部分，其本身具有无害性、优良性和可循环性等特点。当然，其最重要的特征首先是生态性，即其所具有的生态功能。

生态产品是生态系统的产物，其生态功能来源于生态系统功能。生态系统功能即生态系统服务功能（ecosystem service function），指人类从生态系统中获得的效益，生态系统给人类提供各种效益，包括供给功能、调节功能、文化功能以及支持功能。[②] 以森林资源为例，森林不但具有提供木材及林副产品作为生产生活原料供人们使用的经济价值，其还具有调节气候、净化环境、涵养水源、保持水土、防风固沙、生物遗传等方面的生态功能，与其他环境资源共同创造与维持地球上的生命支持系统，为人类

① 廖茂林、潘家华、孙博文：《生态产品的内涵辨析及价值实现路径》，《经济体制改革》2021年第1期。

② 吕忠梅：《中国民法典的“绿色”需求及功能实现》，《法律科学》2018年第6期。

生存提供必要的环境条件。需要注意的是，生态产品功能的发挥往往与其生产过程具有同时性，例如，森林生长的同时也是其生态功能发挥的过程。

二　生态产品的经济学性质

在环境资源日益稀缺的当今社会，我国社会公众对生态产品存在多层次需求和多样化诉求。对生态产品的关注始于经济学界，因此，经济学界对生态产品研究较多。从经济学的角度分析，生态产品具有以下特征。

1. 公共物品性

公共物品（public goods）[①] 是一种相对于私人物品（private goods）而言、在消费上具有非竞争性和非排他性等特征的物品类型。虽然生态产品具有物质意义上的可分割性，例如，水资源、森林资源可以分割，但生态产品承载的生态功能、文化价值和精神价值等生态价值具有整体性和不可分割性。个人在消费生态产品时并不能阻止他人对生态产品的消费，例如，个人难以独占清洁的水源、清新的空气等。生态价值是生态产品的主要功能，在此意义上，生态产品具有消费的非竞争性。此外，生态产品的消费也难以影响他人对生态产品的消费，尽管生态产品有总量上限，但个人消费的有限性和生态产品总量相比难以产生根本的影响，不会影响他人对生态产品的消费，具有消费的非排他性。因此，生态产品具有明显的公共物品属性。

2. 正外部性

“正外部性是指某个经济行为主体的活动使他人或社会受益，而受益者又无须花费代价。”[②] 在环境保护领域，正外部性大量存在，例如，区域、流域生态保护、天然林保护、生态农业、绿色建筑等都会无偿给他人带来收益。生态产品具有生态、文化等多重功能和价值，其产生的利益并

---

① 公共物品（public goods）又称为公共产品、公益物品、公益品、公共品、共用品、共同善等。目前经济学界主要根据排他性（excludability）和竞争性（rivalrousness）的程度，把公共物品分为四类：纯公共物品、俱乐部物品、共同资源以及私人物品，其中，俱乐部物品和共同资源称为准公共物品。一般而言，准公共物品具有“拥挤性”（congestion）的特点，当消费者数量达到一定值之后，就会出现边际成本为正的情况，这时消费人数的增加将会减少其他消费者的效用，因此具有消费竞争性。

② 厉以宁：《西方经济学》（第二版），高等教育出版社 2005 年版，第 238 页。

非局限于生态产品的生产者，而是使社会公众无偿享有和获益，便产生了正外部性。需要注意的是，自然人、法人或社会组织供给生态产品往往具有明显的正外部性。国家（政府）供给生态产品是否产生正外部性需要区分对待。例如，国家经营公益林的主要目的是改善环境，并且国家通过征税筹集资金，建设公益林，理论上是人人付费并从环境保护中受益，因此，其产生的环境效益就在国家范围内内化了，并非是林业部门的效益外溢到社会其他部门。[①] 但是，在地方政府公益性环境资源行为中，可能产生正外部性，例如，西部地区政府支持的生态保护工程产生的效益由中、东部地区共享便是一种正外部性。

3. 商品性

使用价值和价值是商品属性的重要表现，生态产品是集合了使用价值和价值双重属性的产品。生态产品首先具有产品的基本功能，即能够满足人类的生态需要，这种需要是人类最基本也是最高的需求之一。人类的生存发展需要一定的环境条件，从农耕时期到今天工业社会的发展史也始终伴随着对生态系统的使用，人们不但需要从生态系统中汲取物质资源和能量，还需要利用生态系统提供的调节气候、涵养水源、保持水土、防风固沙、生物遗传、历史教育、美学欣赏等生态功能和精神价值，生态产品能给人类提供清洁水源、洁净空气、宜人气候、生物多样性等人类发展的必需条件，当然具有使用价值。此外，生态产品主要来源于自然生态系统，但却并非完全依靠自然本身的供给，在生态产品产生过程中，生态修复、植树造林、防风固沙等人类劳动也发挥了重要作用，因此，生态产品具有价值属性。

4. 稀缺性

稀缺性是相对于人的需求欲望而言的，即在人类无限的欲望面前，生态产品总是存在不足以应对人类需求的可能。工业革命以后，随着人类对环境资源需求的增长，人们发现无论是从个别资源的数量上看还是从总体资源的存量上看，相对于人类需求而言，资源总是有限和稀缺的。随着社会发展速度的加快和人们对清洁水源、洁净空气、宜人气候、生物多样性等生态需求的日益增多，这种稀缺性越来越突出。

5. 可生产性

早期人类发展历史主要是依赖并直接享用各种环境资源而缺乏保护、

① 肖平、张敏新：《外部性的经济内涵》，《林业经济》1996 年第 2 期。

修复甚至是"生产"的积极性。近代科学研究表明，在物资生产和人的生产外，还存在环境生产，环境具有"可生产性"。所谓环境生产是指在自然力和人力共同作用下环境对其自然结构和状态的维持和改善，包括消纳污染与产生资源。[①] 生态产品产生于自然系统，但又不仅仅来源于自然，它具有环境的"可生产性"特征，是自然力量和人类力量的结合，体现出自然性和社会性的统一。承认生态产品的自然性是为了尊重自然界的生态规律和自然的内在价值，承认生态产品的社会性意味着人类不再单纯依靠自然的供给，而是能够通过投入一定的生产要素、经过一系列的生产过程，可以持续获得具有生态价值和生态功能的产品。生态产品是一种新型产品，具有"可生产性"。

三 生态产品的法学性质

法学以社会关系作为调整对象，法学研究不能直接移植其他学科概念和理论，而应该运用法学话语、拓展法学进路。因此，对生态产品的研究不能仅仅关注其概念本身，而需要探究其背后的社会关系以及这种社会关系所反映的利益关系。这需要把经济学中生态产品的特点与其法律特点相对接，并把经济学中的需求理论转化为法学中的利益理论。需求和利益是两个具有相互联系的概念，同时，两者又各有侧重。"需要反映的是人对客观需求对象的直接依赖关系，而利益则反映的是人与人之间的社会关系即人与人之间对需求对象的一种分配关系。"[②] 从法学视角分析，生态产品具有以下特点。

1. 公益性

生态产品的公益性源于其公共物品属性，所谓"公益性"是指生态产品关涉社会公共利益。按照美国著名法学家庞德的理论，利益可以分为个人利益、公共利益及社会利益三类，个人利益[③]代表的是个人的相关要

---

① 赵运林、傅晓华：《论可持续发展中的循环经济》，《中国人口·资源与环境》2002 年第 5 期。

② 王伟光：《利益论》，人民出版社 2001 年版，第 73 页。

③ 个人利益是"直接涉及个人生活的要求或希望，并被断定为是这种生活的权利"。转引自［美］E. 博登海默《法理学——法哲学及其方法》，张智任译，上海人民出版社 1992 年版，第 135—136 页。

求、请求和需求，公共利益[①]表征着社团的利益取向，社会利益[②]代表整个社会宗旨的要求、请求和需求。在我国现行法律和理论中，更多地使用“社会公共利益”来表示社会利益、公共利益，或者说法律上一般将社会利益与公共利益作为同义词看待。[③] 社会公共利益关涉社会中不特定多数人的利益，社会公共利益往往需要借助于一定的载体予以实现，生态产品由于其具有的生态性、正外部性等特征，成为社会公共利益的载体。由于社会公共利益具有整体性和普遍性两大特点，这就导致社会公共利益的主体具有扩散性。

2. 普惠性

普惠性意味着生态产品能使最多数人受益，《中共中央、国务院关于加快推进生态文明建设的意见》指出，“良好生态环境是最公平的公共产品，是最普惠的民生福祉”。很多生态产品，例如，优良的空气、丰富的生物多样性等对于人类整体的生存和发展都具有至关重要的影响，其并非惠益于某一局限的群体，而是普惠于一般的社会公众。

3. 共享性

共享性源于生态产品的整体性。生态产品本身及其生态功能都具有整体不可分割性，即消费者在对生态产品进行消费时，很难分割出其中的一部分进行消费，而常常将其作为一个整体进行被动的消费，这就导致生态产品的消费主体具有扩散性和共享性。这种特征反映在法学视域中，便容易造成权利边界的模糊性和利益的外溢性，这也意味着需要在完善目前法律制度的基础上，设计出针对生态产品共享性特征的法律规范。

---

① 公共利益是“涉及一个政治上有组织的社会生活的要求或需求或希望，并断定为是这一组织的权利”。转引自［美］庞德《通过法律的社会控制——法律的任务》，沈宗灵、董世忠译，商务印书馆 1984 年版，第 41 页。

② 社会公共利益“即以文明社会中社会生活的名义提出的使每个人的自由都能获得保障的主张或要求”，转引自［美］庞德《通过法律的社会控制——法律的任务》，沈宗灵、董世忠译，商务印书馆 1984 年版，第 41 页。

③ 胡玉鸿：《法学方法论导论》，山东人民出版社 2002 年版，第 278 页。

第二章　生态产品政府责任的发生逻辑

生态需求是人类最基本也是最高层次的需求之一，我国公众的生态需求日益增长，对生态需求的回应和环境公共利益的维护成为政府的重要职责。社会发展使政府角色处于变迁与演进之中，在建设生态文明和美丽中国宏伟目标的时代背景下，我们需要建设生态型政府、责任型政府和服务型政府，为全社会提供基本而有保障的生态产品，以不断满足社会公众日益增长的生态需求和公共利益诉求。

生态产品具有公益性、共享性、普惠性的特点，在环境保护领域常常存在大量的“搭便车”行为，导致私人参与生态产品供给、维护环境公共利益的动力不足。政府提供生态产品具有其他主体所不具备的优势，政府应该担负起供给生态产品的重担，这需要明确政府责任的基本定位。在区分政府政治责任、法律责任和道德责任的基础上，本书将政府责任主要定位为法律责任，同时兼顾政治责任和道德责任。

第一节　生态需求：生态产品政府责任的动力源泉

物质产品、文化产品和生态产品是支撑人类社会生存和发展的三种重要的产品类型。从需求满足的角度分析，物质产品主要满足人的物质需求，文化产品主要满足人的精神需求，生态产品则是回应人类生态需求的产品类型。人类的发展除了具有对农产品、工业品和服务产品的需求，还具有对生态产品的需求。

生态危机的加剧使之与生态需求之间的张力愈加凸显。20 世纪中后期，生态危机像瞬间打开的“潘多拉魔盒”一一呈现在人类面前，整个世界都笼罩在环境污染、生态破坏的阴影之下，满目疮痍的生态系统成为高悬在人类头顶上的达摩克利斯之剑，人类处在生态危机的旋涡中无法逃脱。对生态危机的应对成为世界各国共同的目标，《布伦特兰报告》指出："对和平和人类社会生存多造成的威胁，莫过于人类赖以生存的生物圈愈来愈严重的、不可逆转的退化的前景……我们的生存不仅取决于军事平衡，而且还取决于全球合作，以确保一个可持续存在下去的环境。"① 生态危机成为影响人类可持续发展的重要障碍，日益严重的生态危机更加唤起了人们对良好生态环境的需要，人类的生态需求愈加凸显。

一　生态需求的理论阐释

人的需求具有多元性和层次性。根据马克思的论述，人不但是自然界中一种天然的存在，还能通过有意识的行为和活动获得自由与自觉，因此，人既是自然的人、精神的人，又是社会的人，生态需求作为随着人类发展而出现的一种自然需求，其本质上是一种社会需求。"最低限度的自然生理需求或生存需求、高层次的满足人的社会生活的社会需求、满足人的精神要求的精神需求。"② 人在本质上还具有生态性。人类是生态系统中的组成部分，仰仗着从自然系统中获得物质资料维护生存和发展，依托自然界使精神更加愉悦、情感得以寄托，还在人类意识支配下反作用于自然界，不断改变自然形态。因此，人与自然融合成一个互动的生态系统，互相制约、互相促进、共同发展。③ 人类不断发展的历史，伴随着自然界的物质供给和精神营养，也反作用于自然本身，基于人的生态本质也产生了人的生态需求。

生态需求或生态需要（Ecological Requirements）④ 是人类最基本也是最高层次的需求之一，它随着经济社会进步而发展变化的自然需求与社会

① ［美］诺曼·迈尔斯：《最终的安全：政治稳定的环境基础》，王正平、金辉译，上海译文出版社 2001 年版，第 224 页。

② 王伟光：《利益论》，人民出版社 2001 年版，第 50—51 页。

③ 杨昌军、吴明红、严耕：《论绿色生活对人类需要的全面满足》，《商业研究》2017 年第 10 期。

④ 对于生态需求和生态需要，大部分学者认为两者是一致的。也有部分学者进行区分，认为生态需要与生态需求存在诸多区别。生态需要是指一种与生态相关的需要，既包括自然系统的生态需要，也包括人类的生态需要。生态需求不仅强调人对于生态环境的需要，更强调人所具有的满足自身生态需要的一种能力。参见韩跃民《正确处理我国生态利益矛盾关系探析》，《中共福建省委党校学报》2015 年第 9 期。

需求，与物质需要、精神需要构成人类需要的三元结构体系。虽然生态需求是一种基于人的生存发展而存在的本能需求，但作为一个特定现象得到我国学术界的关注始于20世纪80年代。

王全新先生在《论生态需求》一文中描述了经济发展过程中“生态需求”的增长，并指出“呈指数增长的生态需求与环境负荷之间的矛盾日益尖锐”①。此后，学者们从不同角度论证生态需求，目前形成了广义生态需求和狭义生态需求之分。广义的生态需求是指现代人类经济活动中社会经济系统对自然生态系统的生态环境资源的需要，而狭义的生态需求就是指人自身的生态需要。② 关于狭义生态需求的探讨也是各有千秋。有的认为，生态需要是人们对优美生态环境的需求；③ 有的认为，生态需要是人类在自身发展过程中对生态平衡关系的确立和生态平衡条件的创建的一种需要生态平衡和人的发展；④ 也有学者解读了马克思主义生态需求的主要思想，人是自然存在物体，人是自然的一分子，人具有生态需要⑤。简单而言，基于人的生存发展而产生的对良好生态环境的需求便是生态需要。人的生态需求的本质是指人在生存与发展过程中产生的对自身与自然环境的平衡、和谐关系的需要，本质上反映的是人与自然环境之间的和谐、共生关系；生态需要的满足表现为人与自然的协调、平衡发展。⑥ 生态需求包括物质需求和精神需求双重属性，人们既追求清洁的空气和水源，也沉浸优美的风景和景观，因此，生态需求是物质需求和精神需求的统一。

二 生态需求的现实回应

古人用“仓廪实而知礼节、衣食足而知荣辱”表达着生存需求满足对于人们树立正确的人生观和价值观的重要性，同时也说明着经济发展对

---

① 王全新：《论生态需求》，《生态经济》1986年第3期。

② 刘思华：《论生态经济需求》，《经济研究》1988年第4期。

③ 尹世杰：《论生态需要与生态产业》，《湖南师范大学社会科学学报》1998年第5期。

④ 司金銮：《生态需要新论》，《现代经济探讨》2000年第12期。

⑤ 蓝强、孙垚：《马克思主义理论视域下的生态需要的新内涵》，《生态经济》2014年第3期。

⑥ 高永强：《论人的生态需要与人的发展》，《齐鲁学刊》2016年第4期。

于文明演进的推动作用。马斯洛的需求层次理论①告诉我们，当人们较低层次的需求得以满足之后，人们进而开始追求较高层次的需求。近年来，我国经济社会的高速发展为公众生存需求的满足提供了充足的物质基础，在物质需求不断满足、生活质量不断提高之后，公众对于良好生态环境的需求和企盼与日俱增。中国发展研究基金会组织撰写的《中国发展报告2008/09：构建全民共享的发展型社会福利体系》指出，中国全民共享的发展型社会福利体系的建立分为以下两个阶段："2009—2012 年为第一阶段，主要任务是初步建立中国发展型社会福利制度框架；2013—2020 年为第二阶段，中国发展型社会福利体系基本成型。"② 在由生存型阶段向发展型阶段转变的过程中，我国人民对于环境和生态的需求也日益提高。党的十九大报告指出，我国社会主要矛盾已经转化为人民日益增长的美好生活需要和不平衡不充分的发展之间的矛盾，既要创造更多物质财富和精神财富以满足人民日益增长的美好生活需要，也要提供更多优质生态产品以满足人民日益增长的优美生态环境需要，这是对社会公众日益增长的生态需要的回应和满足。马克思将人的"美好生活"需要归结三个层次，从满足人的基本生活的生存性需要到不断增长的发展性需要、再到"美好生活需要"。③ 因此，"美好生活需要"具有丰富的内涵，涉及经济、文化、社会、生态等各个领域，既包括丰富的物质产品、多彩的文化产品，也包括人与自然和谐共处下的优良生态产品。追求美好生活是我们每个人梦寐以求的内心夙愿，以习近平总书记为核心的党中央在新的历史阶段把人民对美好生活的向往作为发展的奋斗目标，既契合了以人民为中心的发展理念，也对新时代的政府建设提出了回应和满足社会公众日益增长的生态需要的新要求。

社会发展和进步为人类需求的满足和实现提供了现实的土壤，目前，我国公众的生态需求由较低层次发展到较高层次的同时，也呈现出多元化

① 美国著名心理学家亚伯纳罕·马斯洛把人的需求分成由较低层次到较高层次的七个方面：生理需求、安全需求、归属需求、尊重需求、认知需求、审美需求、自我实现需求，并指出当低级需要得到满足以后，其他高一级的需求就会出现。

② 中国发展研究基金会：《中国发展报告 2008/09：构建全民共享的发展型社会福利体系》，中国发展出版社 2009 年版，第 3 页。

③ 汪康、朱亚平：《马克思"美好生活论"的三重维度》，《北京交通大学学报》（社会科学版）2022 年第 1 期。

的特点。城市居民不满足于仅从自然界获取物质和能量以维持生存需求，城市居民以及农村居民都开始追求更高层次的精神需求、发展需求，例如，清洁舒适的生活环境、优美的自然景观、保持完好的历史文化遗产、丰富的生物资源等。人们开始注重回归自然，到大自然中去观赏、旅行、探索，享受清新的空气、感受人与自然和谐的氛围、探索和认识自然的奥妙、从自然中寻求精神的慰藉和身心的愉悦等，这些需求都离不开优美、舒适的环境。早在 2008 年，中国生态道德教育促进会和北京大学生态文明研究中心发布的《中国城市居民生态需求调查报告》显示：城市居民理想的人居环境，最主要的元素是清新的空气，其次是街道、小区绿树成荫、绿意盎然的空间，再次是充足、清洁的水源。① 对于农村居民，最为迫切的生态环境需求可能是清洁的空气和水源。人的各种需求的满足是人类发展的重要前提和保障，例如，对良好环境质量的需求，对清洁的空气、洁净的水源、完整的生物多样性、保持良好的自然遗迹、人文遗迹的需求等。

公众的生态需求已经从内在需求进展为外在行动，这不仅表现在公众的环境意识日益提高，更表现在公众的参与热情更加高涨、参与程度更加深入。早在 2007 年，由联合国环境规划署、国家环保总局和商务部共同发起的“中国环境意识项目”（简称“CEAP 项目”）在全国范围的公众环境意识调查显示：“环境意识的提高成为目前我国公众在环境保护方面的主要特征……公众对环境保护的重要性、必要性、紧迫感具有较高的认同，也表现出较强的责任感。”② 近年来，公众参与环境保护的行为逐渐增多，方式更加多元，领域日益丰富。不仅仅包括能降低生活支出和有益身心健康的节能、节电、节水活动，还包括积极参与植树造林、野生动物保护、生态环境宣传等生态公益活动，以及主动购买“碳汇”、捐资造林等行动。可以看出，我国公众的生态需求已经开始外化于积极的行动。

三 生态需求满足与生态利益维护

法律问题背后总是和一定的利益相关。按照美国著名法学家庞德的理论，利益可以分为个人利益、公共利益及社会利益三类，个人利益代表的

① 朱丽雅、滕明政：《试论我国人民群众的生态需求》，《新东方》2014 年第 2 期。

② 《2007 年全国公众环境意识调查报告》，《世界环境》2008 年第 2 期。

是个人的相关要求、请求和需求；公共利益表征着社团的利益取向；社会利益"即以文明社会中社会生活的名义提出的使每个人自由的都能获得保障的主张或要求"①，因此，社会利益代表整个社会宗旨的要求、请求和需求。此外，还有"国家利益"的提法，有的学者将其定位为"一切满足民族国家全体人民物质与精神需要的东西"②。但在我国现行法律和理论中，更多地使用"社会公共利益"来表示社会利益、公共利益，或者说法律上一般将社会利益与公共利益作为同义词看待。③ 按照社会公共利益内容不同，我们可以将社会公共利益分为经济利益、政治利益、文化利益和生态利益等。④

生态需求的增长反映在法律视野中便是人们对生态利益的追求。生态利益"是不特定公众所享有的非排他性的利益，是公共利益的一部分"⑤。生态利益本质上属于社会公共利益，具有整体性和普遍性的特点，这种利益主体具有广泛性和扩散性，内容具有不可分割性。生态利益与人类的生存、发展密切相连，它渗透到社会生活的各方面，在现实生活中，许多环境污染、生态破坏行为可能并没有侵犯特定的公民、法人或其他组织的合法权益，但由于生态利益的整体性和普遍性，每个人都"深受其害"而无法"独善其身"。

人类需求的不断增长导致环境资源供求矛盾日益激化，经济利益和生态利益的冲突日益加剧。"从社会发展的规律来看，环境法领域的利益需求的内核与外延均显现为人的生存和发展的持续性需求即持续地提升生活质量的需求。"⑥ 生态需求的满足不但需要我们约束对环境资源的消耗和使用，还需要我们积极补偿和回馈自然，促进养护、修复等环境正外部性行为，增加生态产品的有效"供给"和生态利益的有效维护。生态利益

---

① ［美］庞德：《通过法律的社会控制 法律的任务》，沈宗灵、董世忠译，商务印书馆1984年版，第41页。

② 阎学通：《中国国家利益分析》，天津人民出版社1996年版，第10页。

③ 胡玉鸿：《法学方法论导论》，山东人民出版社2002年版，第278页。

④ ［法］勒内·达维德：《当代主要法律体系》，漆竹生译，上海译文出版社1984年版，第85页。转引自郑少华《生态主义法哲学》，法律出版社2002年版，第12页。

⑤ 邓禾、韩卫平：《法学利益谱系中生态利益的识别与定位》，《法学评论》2013年第5期。

⑥ 李启家：《环境法领域利益冲突的识别与衡平》，《法学评论》2015年第6期。

矛盾的解决需要正确处理生态产品需求与供给之间的关系，生态产品供给的数量和质量能够在多大程度上满足人的生态需求，直接决定了生态利益矛盾冲突的程度和解决的难易程度。①

对生态需求的回应和生态利益的维护成为政府的重要职责。苏联高校教科书《政治经济学》把“生态需求”作为“人民福利”的基本指标：“生态需要满足的程度，决定于环境质量和生物圈状况，这是人民福利的基本指标之一。”② 我国在现代化建设过程中，不断加强生态文明和环境法治建设，促进对环境公共利益的维护。我国政府工作报告多次提及环境保护相关工作任务，以满足人民群众的生态需求。如 2013 年《政府工作报告》强调，要顺应人民群众对美好生活环境的期待，大力加强生态文明建设和环境保护。2017 年《政府工作报告》指出，加快改善生态环境特别是空气质量，是人民群众的迫切愿望，是可持续发展的内在要求。这对各级政府提出了供给生态产品、满足人民群众生态需求的要求。当然，公众的生态需求不是无限、没有节度的，政府对生态需求的满足是建立在公众适度需求的基础上，也即政府回应的是公众的合理需求。

第二节 生态型政府：生态产品政府责任的基础

《人类环境宣言》指出，保护和改善人类环境是关系到全世界各国人民的幸福和经济发展的重要问题，也是全世界各国人民的迫切希望和各国政府的责任。但政府并非全能，全能政府只存在于人类的遐想中，政府在生态产品供给中存在一定的权力、职责边界，这需要结合政府的职责演进历史进行探讨。

一 政府的角色变迁与职责演进

（一）“守夜人”角色与政府职能

自亚当·斯密的《国民财富的性质和原因的研究》发表以来，主流经济学总是沉醉在“看不见的手”的荫蔽之下，按照亚当·斯密的论述，

① 韩跃民：《正确处理我国生态利益矛盾关系探析》，《中共福建省委党校学报》2015 年第 9 期。

② 司金銮：《生态需要满足规律理论初探》，《江淮论坛》2001 年第 3 期。

人们对个人利益的追求会自动促进社会公共利益的实现。尽管“他通常既不打算促进公共的利益，也不知道他自己是在什么程度上促进那些利益”，但是，“他受着一只看不见的手的指导……他追求自己的利益，往往使他能够比在真正出于本意的情况下更有效地促进社会的利益”。[①] 因此，按照亚当·斯密的解释，政府职能的范围应该严格限定在提供国防、司法等最基本的公共物品方面，对于政府以任何形式干预私人经济活动的行为都是不认可的。也就是说，政府职能范围极其有限，其仅仅充当“守夜人”的角色。[②]

（二）“干预之手”与政府职责

亚当·斯密的“看不见的手”理论得到广泛传播，但人们也发现，对个人利益的追求并非会自动促进社会公共利益的实现，现实中往往存在大量私人利益与社会利益冲突的情形，在涉及公共物品时尤其如此。

对于公共物品的分析典型莫过于“灯塔”问题。英国经济学家庇古以灯塔为例论证了政府供给公共物品的主张，即私人建造灯塔的收益远远低于社会收益，所以应该由政府建造。此外，以庇古为代表的福利经济学派从“私人边际成本”和“社会边际成本”之间的差异出发，指出了外部性的存在会导致私人供给公共物品的动力不足，并提出以政府征税和补贴作为解决问题的方案。庇古将外部性分为正外部性（外部经济）和负外部性（外部不经济）两种，当出现外部性时，市场并不能解决这个问题，需要政府发挥其适当干预的作用，因此，他提出了借用外部性理论的治理方案，即对正外部性行为进行补贴，对负外部性行为进行征税或收费。在庇古的理论假设中，市场缺陷需要政府干预，而政府不仅是全知全能的，而且还追求社会福利最大化。

通过公共物品理论的兴起和发展，萨缪尔森等西方福利经济学家认为，政府“守夜人”的职能无法维持市场经济秩序，只有政府是公共产品的唯一提供者，以此纠正“市场失灵”。[③] 萨缪尔森在《公共支出的纯

---

① ［英］亚当·斯密：《国民财富的性质和原因的研究（下卷）》，郭大力、王亚南译，商务印书馆2014年版，第30页。

② 陈晓永、张云：《环境公共产品的政府责任主体地位和边界辨析》，《河北经贸大学学报》2015年第2期。

③ 陈晓永、张云：《环境公共产品的政府责任主体地位和边界辨析》，《河北经贸大学学报》2015年第2期。

理论》中指出，公共物品是指每个人对这种产品的消费，并不能减少任何他人也对于该产品的消费。萨缪尔森把物品分为私人物品和公共物品，私人物品由市场供给，公共物品则由政府供给。鲍德威也认为完全自由的市场无法提供污染治理等公共产品，由市场供给会导致失灵。在这种情况下，一种可行的办法是由政府直接提供。鲍德威明确提出了公共产品由市场供给会导致市场失灵，并分析了市场供给失灵的根源，这就为公共产品政府供给提供了最直接的理由。①

（三）公共选择与政府失灵

20世纪五六十年代，随着“政府失灵”现象的显现和对政府职责的反思，公共选择理论逐渐兴起。“公共选择理论分析了个人在政治市场上对不同的决策规则和制度的反应，以期阐明并构造一个把个人的自利行为导向社会公共利益的政治秩序。”② 正如公共选择学派的代表人物布坎南所言：“简单而直接的观察表明，政治家和官僚……的行动与经济学家研究的其他人的行动并无不同。”③ 也就是说，“在政治市场上，官员和立法者追求的目标与一般选民的利益存在差异”④。公共选择理论认为，政府官员、政治家具有“经济人”的自利本质，这导致政府存在失灵现象，如政府决策失误、政府供给公共产品成本过高、权力寻租和腐败等。布坎南的研究也进一步指出，萨缪尔森论及的公共产品是一种“纯公共产品”，但现实的经验表明，大多数物品是介于公共物品和私人物品之间的“准公共产品”或“混合商品”，因此他提出了“俱乐部物品”，即具有排他性而无竞争性的物品。对于这样的物品，通过收取费用的方式可以排除不付费消费者，为市场供给公共物品提供了可能。在政府失灵成为常态的情况下，需要厘清政府职能，建立有限度的政府，厘清政府职能和市场作用的边界。对于市场机制发挥作用较高的领域，政府需要减少对市场的

① ［美］鲍德威：《公共部门经济学》，邓力平译，中国人民大学出版社2000年版，第2页。

② 贾引狮、宋志国：《环境资源法学的法经济学研究》，知识产权出版社2008年版，第32页。

③ ［美］詹姆斯·M. 布坎南：《自由、市场和国家》，平新乔、莫扶民译，北京经济学院出版社1988年版，第24页。

④ 李郁芳、李项峰、蔡彤：《政府行为外部性的经济学分析》，经济科学出版社2009年版，第14页。

干预，主要作为制度、规则的提供者发挥保障和监管职责；对于市场机制失灵的财政支出、纯公共物品等领域，政府则承担供给者职责。

（四）多中心治理与政府职责

20 世纪 60 年代，公共经济学的创始者之一、诺贝尔经济学奖获得者埃利诺·奥斯特罗姆（Elinor Ostrom）在大量实证案例研究的基础上提出了自治组织理论（Self-government Theory），也称为“多中心治理”（Polycentric Governance）理论，该理论创新性的从另一视角即“从博弈的视角探讨了在理论上可能的政府与市场之外的自主治理公共池塘资源的可能性”①。奥斯特罗姆认为，人类社会中大量的公有池塘资源（the Common Pool Resources）问题②在事实上并不是依赖国家也不是通过市场来解决的，人类社会中的自治组织实际上是成效更加明显的一种管理公共事务的方法。自治组织的治理本质上是资源所在地的资源共同使用者对该资源的自治性管理，因此只能来源于资源共同使用者的集体行为，此外，总体上受公有池塘资源影响的社群人数并不多，他们也容易自己组织起来，对公有池塘资源的占用和供给进行自主治理。因此，奥斯特罗姆的理论“为面临公共选择悲剧的人们开辟了新的路径，为避免公共事务的退化、保护公共事务、可持续地利用公共事务从而增进人类的福利提供了自主治理的制度基础”③。当然，她并不认为自治组织治理就是“灵丹妙药”，她承认这样的制度安排也存在弱点，针对公共事务的治理，需要区分不同的问题分别进行制度安排。正如她指出的，针对公共资源问题，无论是“利维坦”还是私有化都不是唯一的解决方案。④ 多中心治理模式需要发挥政府、市场和社会的不同作用，也要对不同类别的环境资源适用不同的治理

---

① ［美］埃利诺·奥斯特罗姆：《公共事物的治理之道：集体行动制度的演进》，余逊达、陈旭东译，上海三联书店 2000 年版，第 3 页。

② 在奥斯特罗姆的研究中，公有池塘资源主要涉及地下水资源、近海渔场、较小的牧场、灌溉系统、公共森林等。参见［美］埃利诺·奥斯特罗姆《公共事物的治理之道——集体行动制度的演进》，余逊达、陈旭东译，上海三联书店 2000 年版，第 48 页。

③ ［美］埃利诺·奥斯特罗姆：《公共事物的治理之道——集体行动制度的演进》，余逊达、陈旭东译，上海三联书店 2000 年版，第 1—2 页。

④ 她认为，许多成功的公共池塘资源制度，冲破了僵化的分类，成为“有私有特征”制度和“有公有特征”制度的混合。参见［美］埃利诺·奥斯特罗姆《公共事物的治理之道——集体行动制度的演进》，余逊达、陈旭东译，上海三联书店 2000 年版，第 31 页。

主导主体，使之具有不同的中心，如具有安全、公正等垄断性公共物品性质的环境资源，政府被论证为最佳的治理者。①

从上述政府职责发展的变迁历史中可以发现，政府责任随着社会变迁处于不断发展变化之中，探讨关于生态产品的政府责任，也需要结合我国时代背景进行分析。

二　生态型政府的建设背景

我国不同部门立法均广泛使用“政府”这一概念，但对这一个概念本身却未有明确规定。从语义学的角度分析，政府有广义和狭义之分。广义的政府是指国家机构的总体，包括立法机关、行政机关和司法机关；狭义的政府仅指掌握国家行政权力的行政机关。② 广义的政府和狭义的政府之分，往往基于使用语境和应用学科的不同，在法学研究和法律适用领域，对于“政府”一词的应用主要是从狭义角度展开，本书也即在这一范围内使用“政府”这一概念，即“政府”指的是“国家权力机关的执行机构，即国家行政机关”③。在法律文件中，存在“政府”概念与“行政机关”等相关概念的混合使用，有的法律广泛采用“政府”这一概念，④ 有的法律广泛采用“行政机关”这一概念，⑤ 本书认为，尽管有使用语境的区别，但两者本质上并无过多差别。

（一）建设生态文明和美丽中国宏伟目标的确立

生态文明建设在我国具有举足轻重的意义，党的十七大报告首次提出了“生态文明”理念，党的十八大报告把生态文明纳入“五位一体”⑥ 的发展战略，党的十八届三中全会对生态文明建设措施进行了具体化，生态

① 郭武、王晶：《农村环境资源“多中心治理”法治格局初探》，《江苏大学学报》（社会科学版）2018 年第 3 期。

② 张建伟：《政府环境责任论》，中国环境科学出版社 2008 年版，第 22 页。

③ 参见商务国际辞书编辑部《现代汉语词典》，商务印书馆 2017 年版，第 1365 页。

④ 在环境保护立法中，广泛使用“政府”这一概念，例如，《环境保护法》规定：地方各级人民政府应当根据环境保护目标和治理任务，采取有效措施，改善环境质量。《水法》规定：县级以上人民政府应当加强水利基础设施建设，并将其纳入本级国民经济和社会发展计划。

⑤ 在行政立法中，广泛使用“行政机关”这一概念。例如，《行政处罚法》《行政许可法》《行政复议法》《行政诉讼法》《国家赔偿法》等。参见张建伟《政府环境责任论》，中国环境科学出版社 2008 年版，第 23 页。

⑥ 即经济建设、政治建设、文化建设、社会建设和生态文明建设“五位一体”的发展战略。

文明建设成为我国应对生态危机、“建设美丽中国”宏伟目标、实现中国梦的必然选择。当然，建设美丽中国宏伟目标的实现并非朝夕之事，它需要几代人的共同努力，更需要明确政府职责，发挥政府的引导、保障作用。党的十八届三中全会指出，我们党的工作要以“增进人民福祉为出发点和落脚点”。《中共中央、国务院关于加快推进生态文明建设的意见》强调：“良好的生态环境是最公平的公共产品，是最普惠的民生福祉。”在此背景下，生态型政府的提出契合了生态文明建设的基本诉求，反映了美丽中国发展目标的实现路径。

（二）满足公众环境权实现

环境权作为一项新兴权利，为生态产品政府责任提供了基础，其理论的发展和改进，对环境法律制度的建立和完善具有重要的理论指导作用。正如蔡守秋教授所言：“环境权是环境法的一个核心问题，是环境立法和执法、环境管理和诉讼的基础；也是一种新的法学理论，用它可以解释许多环境法律问题。”①

“伴随着环境法律体系不断发展完善并最终成为一个独立的法律部门，环境权也逐步确立和独立化，成为一项独立的法律权利，环境权作为应受宪法保障的基本人权，成为环境立法和环境行政的指导纲领。”② 环境权是在20世纪六七十年代环境危机日益严峻的情况下被提出来的，为克服和弥补传统法律理论和法律制度在环境保护中的缺陷和不足而产生的一项新兴权利，是人类生存和发展的基本权利。法国学者卡雷尔·瓦萨克（Karel Vasak）指出，环境权与发展权、和平权是第三代人权。蔡守秋认为，把环境权规定为国家和公民的基本权利是各国法律的发展趋势。③ 吕忠梅也指出，环境权是一项独立的、基本的人权。④ 依据基本权利与国家义务的关系理论，公众基本权利的满足成为国家义务的理论来源，因此，公众环境权的实现和环境利益的维护，需要国家承担起环境保护义务。“社会成员对基本权利的让渡形成了国家基本义务的源泉，因此，如果环境权构成一项基本权利，那么国家环境保护义务将有直观的基本权利基

① 蔡守秋：《论环境权》，《金陵法律评论》2002年第1期。

② 张式军：《环境公益诉讼浅析》，《甘肃政法学院学报》2004年第4期。

③ 蔡守秋：《环境权初探》，《中国社会科学》1982年第3期。

④ 吕忠梅：《再论公民环境权》，《法学研究》2000年第6期。

础；即使环境权存在诸多争议，传统基本权利（如人身权、财产权）也可以构成国家环境保护义务的基础。”①

环境资源具有整体性、公共性的特点，公众环境权也具有非排他性的核心特性。② 环境资源、环境权都是典型的公共物品，政府具有供给环境资源、环境权的基本义务。因此，规定国家的环境保护义务、明确政府环境保护职责、建设生态型政府成为因应生态文明建设需求、应对生态危机的必然选择，也是公众基本环境权利实现和环境利益维护的必然要求。

三 生态型政府的内涵解读

生态型政府内涵在我国经历了发展变化。早期学者研究认为，生态型政府就是环境友好型政府、资源节约型政府、低碳型政府、绿色政府等，其职能主要是解决逐渐恶化的生态环境问题，其基本特征包括“生态优先是其根本价值观，生态管理是其基本职能，可持续发展能力是其核心能力，综合协调性为政府生态管理体制的显著特征，生态科学家咨询为政府决策机制的广泛构成”③。随着研究的深入，生态型政府的内涵更加丰富，有学者把生态型政府界定为“实现‘五位一体’的均衡、可持续发展战略”的重要措施。④ 其在治理理念上摒弃了传统割裂化治理方式，代之以“五位一体”的整体性治理理念，在治理方式上强调多元化的主体参与，在政府功能上突出其生态功能与行政功能的协同治理。⑤ 也有的学者认为，生态型政府是一种生态化的治理模式，生态型政府以生态文明为导向，以经济发展和环境友好为政府的双重目标，在政府管理价值、管理规则与管理对象三个方面都转向“生态型”或遵从“生态化”的政府治理模式。⑥ 还有学者进一步明确了生态型政府的价值理念和实现路径，如徐

---

① 刘长兴：《环境保护的国家义务与政府责任》，《法治论坛》2018 年第 4 期。

② 蔡守秋、张毅：《论公众环境权的非排他性》，《吉首大学学报》（社会科学版）2021 年第 3 期。

③ 黄爱宝：《“生态型政府”初探》，《南京社会科学》2006 年第 1 期。

④ 姜波、刘进军：《内生态型政府的内涵及其善治方略》，《重庆社会科学》2014 年第 11 期。

⑤ 洪富艳：《构建生态型政府的理论探讨》，《长春市委党校学报》2009 年第 4 期。

⑥ 姚志友、刘祖云：《生态型政府：境遇、阐释及其建构》，《南京农业大学学报》（社会科学版）2008 年第 3 期。

凌指出，生态型责任政府是结合生态文明建设的时代要求，对责任政府研究的升级与进阶，它包括以下内涵：生态型责任政府以理性生态人行政价值理念为指引；以政府生态责任的有效履行为目标和使命；主张通过契约路径实现对政府生态责任的锁定与追究；遵循"观念—制度—机制"的一体化设计思路。[①] 总体而言，生态型政府是在生态文明建设的时代背景下，以可持续发展和绿色发展为指导思想，以实现人与自然的和谐为主旨，以生态优先为根本价值观，履行生态责任、满足人民美好生活需求、促进经济发展和环境保护协调发展的政府治理模式。

四　生态产品政府责任：生态型政府建设的必然要求

生态型政府是责任政府，也是服务政府，这意味着政府为全社会提供基本而有保障的公共产品和有效的公共服务，以不断满足广大社会成员日益增长的公共需求和公共利益诉求。2005 年《政府工作报告》就明确提出要建设服务型政府，此后，历年的政府工作报告多次强调服务型政府建设任务，包括污染防治、生态建设、推动绿色发展等，故在生态环境问题上，政府应当把自己定位成生态服务者的角色，为社会公众提供优质的生态产品。此外，党的十七大报告中明确提出了要构建"环境友好型社会"，人与自然和谐发展成为生态型政府建设的基本目标，政府的管理职能中应当增加生态管理的内容。而生态型政府的建设不能停留在理论层面，它必须设计、创新和不断完善相关的生态制度，致力于调适人与自然的自然性关系，所以生态型政府的生态行为就显得至关重要，它应当通过培育生态型公共产品、处理好生态型政府与生态市场培育之间的关系来统筹人与自然全面、协调、可持续的要求。故生态产品的政府责任配套和生态政府型建设具有内在一致性，一方面，生态型政府的职责内容应当包含对人民群众生态产品的无差异提供，实现公民环境利益的要求；另一方面，生态环境保护作为典型的"市场失灵"领域需要政府进行规制，在生态治理引入市场机制的问题上，同样需要政府赋予生态产品商品属性、构建实现生态产品供求关系交换的机制，创造和发展生态生产力。生态型政府建设必须将生态管理提升为政府的基本职能之一，生态管理的本质归根到底意味着是对人与自然关系的协调，人与自然关系是管理协调的最核

① 徐凌：《生态型责任政府论》，中国社会科学出版社 2021 年版，第 29—30 页。

心的内容。[①] 所以政府的管理方式要从适应向自然界索取资源的传统社会的管理方式转变为适应人与自然和谐共生、可持续发展的行政管理方式，而生态产品供给和良好的生态环境是正相关的关系，也是实现人与自然和谐的一体两面，从这个意义上来讲，生态产品的政府责任符合生态型政府建设的职能定位，是建设生态型政府的应有之义。

第三节　生态产品政府责任的证成

生态产品具有公共性和公益性，是典型的“公共物品”，提供生态产品，政府责无旁贷，这在生态型政府建设背景下更具有正当性。《人类环境宣言》《内罗毕宣言》《里约宣言》等国际性环境法律文件都强调把政府的环境责任作为重要内容之一。政府责任性质的明确是构建政府责任具体内容的前提条件。

一　政府责任的类型

责任既包括行为主体应当承担的某种义务，也包括违反义务时应当承担的不利后果。“政府环境责任包括政府环境职权或政府环境权力、政府环境职责或政府环境义务，以及政府因违反有关其环境职权、环境职责的法律（包括不履行政府环境职责和义务、不行使政府环境职权和权力、违法行使政府环境职权等）而依法承担的政府环境法律责任。”[②] 因此，政府环境责任既包括政府应当承担的环境保护义务和职责，也包括违反环境保护义务和职责时应当承担的不利后果。

按照责任追究主体的不同，可以把政府责任分为政治责任、行政责任和法律责任等不同类型。

（一）政治责任

政治责任指的是“政治官员履行制定符合民意的公共政策，推动符合民意的公共政策执行的职责，以及没有履行好这些职责时所应承担的谴责和制裁”[③]，在此，政治官员指的是从事政府公务的人员。在环境保护

① 谢斌：《人类管理活动的生态内涵》，《管理科学》2005 年第 1 期。

② 蔡守秋：《论政府环境责任的缺陷与健全》，《河北法学》2008 年第 3 期。

③ 张贤明：《论政治责任：民主理论的一个视角》，吉林大学出版社 2000 年版，第 53 页。

领域，政府环境政治责任，就是各级政府的政治官员制定环境保护的公共政策，推动符合民意的公共政策执行的职责，以及没有履行好这些职责时所应承担的不利后果。[①] 由此可见，政府环境政治责任的界定仍然遵循责任的两种含义展开，政治官员在做出政治决策的时候要充分了解当下我国环境状况，既要履行好个人的职责，保证决策科学可行，真正起到积极作用，又要对不合理决策的后果承担责任。

在我国，政府一方面要对民意机关——人民代表大会负政治责任，另一方面还要向执政党——中国共产党负政治责任。根据《宪法》规定，国家行政机关由人民代表大会产生，对它负责，受其监督。一切国家机关和国家行政人员都必须依靠人民的支持，接受人民的监督，努力为人民服务。目前我国政治责任的追究方式已经逐渐发展成为“问责制”，政治责任的承担方式包括接受质询、辞职等。

权力制约是政治责任实现的基本原则。无论是生态功能区的规划，还是生态产品的供给，政府及其部门制定的各种规划、政策都需要符合人民的意志和利益，否则，就有可能需要承担政治责任。在环境保护领域，政府部门承担政治责任屡见不鲜。2000 年就发生过人大质询环保局案件。在 2000 年 1 月召开的广东省第九届人民代表大会上，佛山团 25 名人大代表就“对四会市在北江边建电镀城事件处理不当”的问题向广东省环保局发起质询，出席质询会的广东省环保局局长、副局长到会接受质询。因继续对质询结果失望，代表们向大会提交了《关于建议省政府撤换王子葵省环保局副局长职务的建议》，同时也向大会提出要求约见当时分管环保的副省长。[②]

（二）行政责任

政府的环境行政责任，指的是由行政机关追究自己内部的工作人员或者下级行政机关的环境责任。在我国环境保护实践中，往往由行政机关制定规则明确政府的环境职责以及违反职责时承担的不利后果，即上级行政机关明确下级机关的职能任务，下级机关要按照标准完成，否则便会被追究责任。对环境行政责任的追究方式：一是对领导人的领导责任进行追

① 邓可祝：《政府环境责任研究》，知识产权出版社 2014 年版，第 11 页。

② 吴璇：《15 年前那场轰动全国的人大质询案》，《南方都市报》2015 年 2 月 9 日。

究；二是对具体的工作人员责任进行追究，[①] 这区别于政治责任中强调对领导人责任的追究。此外，政治责任与行政责任还有着明显的区别：政治责任是一种外部责任，责任追究具有更强的独立性；行政责任是一种内部责任，是行政系统上下级之间的责任承担形式，[②] 行政责任的追究具有内部性和有限性的特点。

（三）法律责任

法律责任即在法律中明确规定、以法律强制力作为实施保障、由法院进行责任追究的一种责任形态。依法确认政府责任，将政府责任法制化，是法治国家建设的必然要求，同时也是社会公共利益得以实现的可靠保证。2015 年《政府工作报告》强调，我们要全面推进依法治国，加快建设法治政府、创新政府、廉洁政府和服务型政府，增强政府执行力和公信力，促进国家治理体系和治理能力现代化。我们建设服务型政府和责任政府，应当强调政府的法律责任，其他责任形态都不能更改或冲击法律责任。当政府需要承担法律责任时，不能通过承担其他责任形态予以代替，否则，责任政府建设只是一句空话。

（四）道德责任

政府责任还包括道德责任，伦理道德是政府责任产生的重要依据。道德责任是一种人道责任、道义责任，由于道德水平和道德观念的不同，道德责任具有明显的主观性。道德责任更多地体现为“责任”概念中的“社会评价”，它是政府从人道主义立场出发，对公众的生产、生活、生存等方面的困难所给予的帮助。它使公众产生了对政府的某种特殊的信念，决定了人们采纳和认可政府的某些态度以及用什么方式对政府做出某种行为。例如，我们通常将对弱势群体的保护归入政府道义责任之范畴。对于弱势群体，政府采取了扶贫救助、抚恤优待、赈灾救济、安置补助等多种方式，承担着国家和人民政府对社会公众的道德责任。

道德责任本身并不具有严格的确定性，这导致对其难以进行认定、追究和救济。虽然道德有人类共通的基本的判断标准，但不同国家、不同民族、不同信仰等因素的存在，决定了对道德责任的判定标准、责任的范围、承担责任的方式和程度等认识和理解上的不同。

---

① 邓可祝：《政府环境责任研究》，知识产权出版社 2014 年版，第 15 页。

② 邓可祝：《政府环境责任研究》，知识产权出版社 2014 年版，第 166 页。

道德责任是政府责任的一部分。但由于对道德责任的追究难以实现，因此，道德责任难以并列于政治责任、行政责任和法律责任，无法成为主要部分。本书论述的生态产品政府责任主要是一种法律责任，同时兼顾政治责任和行政责任。

以类型化思维剖析法律责任，政府法律责任分为第一性法律责任和第二性法律责任，前者指法律为特定主体设定的法律义务，就政府而言，主要体现为其法定职责；后者指特定主体未履行法律义务时，应承担的法律后果。就法律责任具体内容而言，政府责任又包括以下几种责任类型：履行义务的责任、停止侵害的责任和侵权赔偿的责任等。①

二　生态产品政府责任的必要

（一）生态产品具有“供给的普遍性”和“消费的非排他性”等特点，是典型的公共产品

相对于私人物品而言，公共产品的供给问题则复杂得多。公共产品具有消费上的非竞争性和非排他性，这导致消费者对公共产品的真实偏好难以在市场上充分体现出来，而一旦公共产品被生产出来，每个消费者都可以不支付代价消费，也即“搭便车”。生态产品是典型的公共产品，尤其是纯生态产品，具有明显的非竞争和非排他性的。一方面，生态产品的利用具有非竞争性，一个人对生态产品的利用并不影响其他人的利用，例如，洁净的空气并不因某人的消费而减少；另一方面，生态产品的利用具有非排他性，一个人在利用生态产品难以排除他人的利用或排除的费用过高而导致经济上的不合理性。基本的环境质量是一种公共产品，是政府应当提供的基本公共服务，提供具有公共服务属性的生态产品是政府不可推卸的职责。

（二）生态产品具有提供的高成本性

很多生态产品的形成并非一日之功，需要长期的维护、修复、养护等工作，如我国实施的山水林田湖草沙一体化保护修复工作，历经时间长，投入巨大，付出的成本较高。生态产品的提供不仅需承担生态保护成本和发展机会成本，也需较大人力资本和物质资本投入，一方面生产提供主体因生态产品权益的分散、收益低难以支持生产成本，易导致产业经营上的困难，投资具有风险性；另一方面生态产品的生态功能所具有的外溢性导

① 邓可祝：《政府环境责任研究》，知识产权出版社 2014 年版，第 239—240 页。

致了“搭便车”现象大量存在，影响了生产者的“收益”和“回报”。此外，生态产品类型众多，因不同生态产品类型所需的提供成本不同，其他主体在供给时也易产生供给结构不合理的问题，尽管不同类型的生态产品供给方式有所区别，但政府应成为最重要的主体，政府提供生态产品具有财政、制度、税收、价格、政府采购等方面的优势。

（三）符合我国《宪法》建设“生态文明”的价值取向和基本要求

“生态文明”写入《宪法》体现了人民对环境公共利益的普遍需求和国家对环境公共利益的全面维护。生态产品具有公益性、普惠性和共享性特点，是环境公共利益的重要载体，强化生态产品政府责任，既符合宪法中“生态文明”价值取向，也有助于实现美丽中国的建设目标。而生态产品所能发挥的调节气候、涵养水源、净化空气、保持水土、保护生物多样性等生态服务类功能和生态权益类功能，同样符合我国生态文明建设的基本要求，有利于经济社会与生态环境相协调、实现人与自然和谐共生。在中共中央办公厅、国务院办公厅印发的《关于建立健全生态产品价值实现机制的意见》中，“激励各地提升生态产品供给能力和水平，营造各方共同参与生态环境保护修复的良好氛围，提升保护修复生态环境的思想自觉和行动自觉”① 的内容也说明了生态产品政府责任已成为新时代生态文明建设的重要任务。

（四）政府具有改善环境质量的法定职责

《宪法》规定“国家保护和改善生活环境和生态环境，防治污染和其他公害；国家组织和鼓励植树造林，保护林木”，这为政府供给生态产品提供了基本的法律依据。《环境保护法》将政府环境法律责任从责任目标与具体责任两个层面进行设置。不但明确了“地方各级人民政府应当对本行政区域的环境质量负责”这一基本要求，还规定了政府负有划定生态红线、实施生态补偿等各种具体责任。《水法》《大气污染防治法》等法律都规定了政府具有保护环境的职责，为政府承担生态产品责任提供了法律依据。《国务院工作规则》中明确了国务院要全面履行经济调节、市场监管、社会管理和公共服务职能。“强化公共服务职能”要求“完善公共政策，健全公共服务体系，努力提供公共产品和服务，推进部分公共产

① 《中共中央办公厅、国务院办公厅印发〈关于建立健全生态产品价值实现机制的意见〉》，2021 年 4 月 26 日，中华人民共和国中央人民政府网（http：//www. gov. cn/xinwen/2021-04/26/content_5602763. htm）。

品和服务的市场化进程，建立健全公共产品和服务的监管和绩效评估制度"①。

（五）政府提供生态产品具有优势

相较于市场、社会等主体，政府在制定和运用政策工具、筹集资金、进行补偿、规划项目、购买公共服务等方面具有诸多优势，在生态产品的提供方面表现为供给数量、供给效率、供给质量和供给水平的差别。

政府具有财政资金优势。清洁空气、清洁水源等生态产品的供给需要持久的投入，缺乏资金的支持生态产品供给将难以实现。根据《环境保护法》第 8 条规定，各级人民政府应当加大保护和改善环境、防治污染和其他公害的财政投入，提高财政资金的使用效益。这为生态产品的供给、管理提供了有力的财政支持。《森林法》第 29 条规定，中央和地方财政分别安排资金，用于公益林的营造、抚育、保护、管理和非国有公益林权利人的经济补偿等，实行专款专用。

政府具有调查、监测、评估和修复等制度支撑。《环境保护法》第 32 条规定，国家加强对大气、水、土壤等的保护，建立和完善相应的调查、监测、评估和修复制度。这 4 项制度可以通过调查制度对生态产品进行管理，同时预防生态产品供给区的环境风险；可通过监测制度对生态产品的权属范围进行划定；可通过评估制度对生态产品的物质量和价值量进行核算，以及通过修复制度对生态破坏和环境污染进行治理，从而有效地"生产"生态环境。

三　生态产品政府责任的定位

生态产品政府责任主要是一种法律责任，同时兼顾政治责任和行政责任。在环境法治建设不断取得新成就的时代背景下，虽然三种责任的追究主体相区别，但责任内容共同规定于环境立法中，某种意义上都呈现出"法律责任"的特点。

（一）环境立法对三种责任的确认

目前，政治责任、行政责任和法律责任三种类型的责任都得到环境立

① 《国务院关于印发〈国务院工作规则〉的通知》（国发〔2004〕18 号），2018 年 12 月 3 日，中华人民共和国中央人民政府网（http：//www. gov. cn/zhengce/content/2018-12/03/content_5345397. htm）。

法的确认。

政府在环境保护方面承担政治责任在国内外环境立法中有明确的规定。日本《环境基本法》明确要求："政府应当每年向国会提交一份有关环境状况和政府采取的有关环境保护政策和措施的报告。政府每年应当在考虑前款报告中有关环境状况的基础上，做出明确将要采取的政策和措施的文件，并将其提交国会。"① 美国《国家环境政策法》第二节第2条指出："联邦政府的一切机构在有关重大影响人类环境质量的立法和联邦的其他主要活动的各种推荐或建议报告中，应由负责官员提出以下有关的详细说明书：（1）所拟议的行动的环境影响；（2）如执行此项建议，不可避免的任何不利的环境效应；（3）对于建议的行动的抉择；（4）人类环境的一些局部的、短期的利用同维护、增强长期的生产力之间的关系；（5）如执行此一拟议，会在新建议的行动中涉及的任何不可恢复、不可挽回的资源破坏。"②《俄罗斯联邦环境保护法》第3条规定："俄罗斯联邦国家权力机关、俄罗斯联邦各主体国家权力机关、地方自治机关，负责在相应的区域内保障良好的环境和生态安全。"③ 我国《环境保护法》修订时，增加了政府政治责任的明确规定，要求"县级以上人民政府应当每年向本级人民代表大会或者人民代表大会常务委员会报告环境状况和环境保护目标完成情况，对发生的重大环境事件应当及时向本级人民代表大会常务委员会报告，依法接受监督"。

政府环境行政责任的追究在我国环境立法有明确规定，在环境保护实践中也得以广泛应用。我国《环境保护法》第68条列举了各级人民政府、环境保护主管部门和其他监管部门工作人员有可能被追究行政责任的8种情形以及1个兜底条款。④ 如果违反上述规定，工作人员可能面临记

① 邓可祝：《政府环境责任研究》，知识产权出版社2014年版，第107页。

② 陈立虎：《美国〈国家环境政策法〉评介》，《法学杂志》1984年第4期。

③ 范俊荣：《政府环境质量责任研究》，博士学位论文，武汉大学，2009年，第10页。

④ 具体包括：（1）不符合行政许可条件准予行政许可的；（2）对环境违法行为进行包庇的；（3）依法应当作出责令停业、关闭的决定而未作出的；（4）对超标排放污染物、采用逃避监管的方式排放污染物、造成环境事故以及不落实生态保护措施造成生态破坏等行为，发现或者接到举报未及时查处的；（5）违反本法规定，查封、扣押企业事业单位和其他生产经营者的设施、设备的；（6）篡改、伪造或者指使篡改、伪造监测数据的；（7）应当依法公开环境信息而未公开的；（8）将征收的排污费截留、挤占或者挪作他用的；（9）法律法规规定的其他违法行为。

过、记大过、降级、撤职甚至开除等处分，造成严重后果的，主要负责人还应当引咎辞职。此外，《水污染防治法》《大气污染防治法》《土壤污染防治法》《森林法》等环境保护单行法就行政机关工作人员在工作中滥用职权、玩忽职守、徇私舞弊、弄虚作假、不履行职责等行为做出了依法给予处分的规定。

（二）生态产品政府责任的法律依据

法律规范具有一定时期内的稳定性，环境立法也往往需要在深入的学术研究基础上对实践中出现的新事物、新现象进行有效回应。尽管我国目前环境立法没有关于生态产品的直接规定，但政府的环境法律责任在我国环境立法中有明确的规定和体现，这为政府承担生态产品法律责任提供了基本的法律依据。因此，政府及其部门不能够以法律对于“生态产品”这一概念缺乏确认和规定为由拒绝承担相应的责任，“法无明文规定”不能成为其在生态产品方面免责的挡箭牌。在既有的《宪法》《环境保护法》《水法》《湿地保护法》《土壤污染防治法》《大气污染防治法》《水污染防治法》等环境保护法律规范之下，我国已经形成了生态产品政府责任的法律体系。

1. 保护环境是国家基本国策的法律规定

20 世纪 80 年代，我国就把“保护环境”确立为国家基本国策。2014 年《环境保护法》修订时再次明确“保护环境是国家的基本国策”，这是“保护环境”上升为国家意志的体现，是践行生态文明观、坚持绿色发展观的重要表现，是增强生态产品供给能力的重要战略部署。《宪法》第 26 条明确规定了国家在环境保护方面的职责：国家保护和改善生活环境和生态环境，防治污染和其他公害；国家组织和鼓励植树造林，保护林木。《环境保护法》也对中央政府提出了“采取节约和循环利用资源、保护和改善环境、促进人与自然和谐的经济、技术政策和措施，使经济社会发展与环境保护相协调”的基本环境义务，这些基本义务的履行也是增强生态产品供给能力的重要途径。

2. 政府对环境质量负责的法律规定

《环境保护法》明确了“地方各级人民政府应当对本行政区域的环境质量负责”“应当根据环境保护目标和治理任务，采取有效措施，改善环境质量”等基本要求，从环境保护领域基本法的层面上对于政府在环境质量方面的义务做出了基础性要求。在此基础上，《水法》[①]《土壤污染防治法》[②]《大气污染防治法》[③]《水污染防治法》[④] 等环境保护单行法律针对具体的领域对政府环境责任进行了明确规定，清洁的水源、干净的土壤、优良的空气都属于生态产品，这为政府承担生态产品法律责任提供依据。

3. 政府环境保护义务和职责的法律规定

《环境保护法》通过多个条款规定了政府的环境义务。除了上述的"改善环境质量"，还包括以下义务：加大财政投入（第 8 条）、加强环保宣传和普及（第 9 条）、制定环境保护规划（第 13 条）、制定环境标准（第 15 条）、接受同级人大及其常委会的监督（第 27 条）、划定生态红线（第 29 条）、实施生态补偿（第 31 条）、对生活废弃物进行分类处置（第 37 条）、推广清洁能源的生产和使用（第 40 条）、做好突发环境事件的应急准备（第 47 条）、统筹城乡污染治理设施建设（第 51 条）等。此外，《环境保护法》等法律还规定了政府的审批环境影响评价、进行环境行政许可、信息公开等各种职责，这些职责也是政府应尽的法律义务，这些义务的履行是政府提供生态产品的重要保障。

4. 政府责任追究的法律规定

我国法律对于公共利益和私人利益的维护都进行了明确的法律规定。如果政府的不当履职行为或不作为侵害了环境公共利益或者公众个人利益，则可能导致其承担法律责任。根据《行政诉讼法》规定，"公民、法人或者其他组织认为行政机关和行政机关工作人员的行政行为侵犯其合法权益"，可以提起行政诉讼。我国过去环境立法存在热衷于政府权限的赋予、缺少责任规定的失衡状态，必须将政府对环境质量负责转化为法律明

---

① 《水法》第 8 条规定：各级人民政府应当采取措施，加强对节约用水的管理，建立节约用水技术开发推广体系，培育和发展节约用水产业。

② 《土壤污染防治法》第 5 条规定：地方各级人民政府应当对本行政区域土壤污染防治和安全利用负责。

③ 《大气污染防治法》第 3 条规定：地方各级人民政府应当对本行政区域的大气环境质量负责，制定规划，采取措施，控制或者逐步削减大气污染物的排放量，使大气环境质量达到规定标准并逐步改善。

④ 《水污染防治法》第 4 条规定：地方各级人民政府对本行政区域的水环境质量负责，应当及时采取措施防治水污染。

确规定的责任，并将其实质化和具体化，才能使其落在实处。因此，《环境保护法》修订时把强化政府责任追究作为一项重要内容，并把 1989 年《环境保护法》中的一个条款进行了细化，该法的第 67、68 和 69 条对于政府在环境保护方面的政治责任、行政责任、法律责任进行了明确规定。此外，《行政诉讼法》等法律中关于环境公益诉讼的规定也成为政府承担环境法律责任的重要依据。在生态环境和资源保护领域，行政机关违法行使职权或者不作为，致使国家利益或者社会公共利益受到侵害的，人民检察院依法向人民法院提起诉讼。

5. 进行磋商与诉讼的法律规定

政府代表国家行使自然资源的所有权，是生态产品的供给者，当行为主体的行为损害生态产品时，政府有权提起生态环境损害赔偿诉讼。《民法典》从基本法的角度确认了生态环境损害赔偿制度。根据《民法典》第 1234 条和第 1235 条规定，违反国家规定造成生态环境损害，国家规定的机关或者法律规定的组织有权请求侵权人在合理期限内承担修复责任或者损害赔偿责任。根据《最高人民法院关于审理生态环境损害赔偿案件的若干规定（试行）》（以下简称为《生态环境损害赔偿规定》），当生态环境受到损害时，省级、市地级人民政府及其指定的相关部门、机构，或者受国务院委托行使全民所有自然资源资产所有权的部门有义务启动生态环境损害赔偿程序，及时和造成生态环境损害的自然人、法人或者其他组织开展磋商，磋商不成时要及时提起诉讼。《固体废物污染环境防治法》[①]《森林法》[②] 也做出类似规定。上述规定中政府及其部门磋商、诉讼的“权利”其实是政府的义务，是政府应尽的职责。

① 《固体废物污染环境防治法》第 122 条规定：固体废物污染环境、破坏生态给国家造成重大损失的，由设区的市级以上地方人民政府或者其指定的部门、机构组织与造成环境污染和生态破坏的单位和其他生产经营者进行磋商，要求其承担损害赔偿责任；磋商未达成一致的，可以向人民法院提起诉讼。对于执法过程中查获的无法确定责任人或者无法退运的固体废物，由所在地县级以上地方人民政府组织处理。

② 《森林法》第 68 条规定：破坏森林资源造成生态环境损害的，县级以上人民政府自然资源主管部门、林业主管部门可以依法向人民法院提起诉讼，对侵权人提出损害赔偿要求。

第三章　生态产品政府责任的缺位与复位

从历史发展阶段看，我国环境保护和经济发展具有“共时性”的特征，环境立法呈现出明显的“利益限制”理念，生态产品供给法律制度缺失，致使政府在生态产品供给中存在“识别不到位”“供给不充分”“管理不科学”以及“价值实现渠道不通畅”等问题。目前，各级政府及政府部门的责任分工和权利分配存在一定程度的失调，需要按照绿色发展理念、“两山”理论、治理理论和民主理论，明确划分各级政府的职责范围，形成均衡化和层次化的政府权力分配体系。

生态产品政府责任作为一个责任体系，涵盖了政府的责任目标、行为责任、监管责任和宣传引导责任。因此，政府不仅需要确立“改善环境质量”的责任目标，还要实施划定生态红线、实施空间管控等具体措施，也要承担起监管以及宣传引导的责任，全方位的完善和创新生态产品服务的体制机制。

第一节　生态产品政府责任的缺位

在“吉登斯悖论”[①] 下，我国环境保护中不仅存在公民行为失调，也存在政府行为失调。[②] 政府并非如人们进行模型预设那般毫无缺陷，其存

① 2009年，生态经济学家安东尼·吉登斯在所著的《气候变化的政治》一书中提出了“吉登斯悖论”（Giddens Paradox）。“吉登斯悖论”意味着尽管几乎所有的人都能直接、具体、可见地感知全球变暖给人类社会和日常生活所带来的危害，但是，无论这种灾害的前景多么可怕，绝大部分人依然会袖手旁观，我行我素。转引自刘秋生、樊震超、陈翔、张同建《“吉登斯悖论”下我国生态型政府建设研究》，《理论学刊》2018年第1期。

② 刘秋生、樊震超、陈翔、张同建：《“吉登斯悖论”下我国生态型政府建设研究》，《理论学刊》2018年第1期。

在“权力寻租、政府公共决策被利益集团挟持等难以克服的缺陷”①，生态型政府建设虽然契合生态文明建设需要，但政府也存在失灵现象。我国环境问题长期持续恶化的主因并非“市场失灵”，而是“政府失灵”的结果。在我国环境保护实践中，无论是环境政策制定中对环境资源支撑能力的忽视和对生态规律的违背，还是环境执法中对排污企业的偏袒和对负面环境信息的“雪藏”，都使政府缺乏积极供给生态产品的主动性，在某种程度上成为“环境污染者或生态破坏者”，阻却环境公共利益的维护。这样的典型事件在我国生态环境状况日益恶化的今天层出不穷。腾格里沙漠污染环境案件②中环保安监局局长发出了“我敢拿人格担保，污水没有埋到沙里面”的豪言壮语，三维集团违规倾倒工业废渣案件中，面对记者采访，环保局长“县长都管不了”③ 的责任推卸，都赤裸裸地表明着政府失灵的存在。

政府失灵存在于环境管理、环境决策、行政执法等多个环节，与分散型的企业污染相比，其对于环境的潜在负面影响范围更广、时间更持久，成为我国环境立法越来越完善、环境状况却越来越严峻这一困境的根本原因。因此，解决我国环境问题的出路，应该“以规范和制约有关环境的政府行为为战略突破口”④，采取措施矫正“政府失灵”现象。但我国政府在应对生态问题的过程中存在“先天不足”和“后天失调”，导致工业

① 柯坚：《我国〈环境保护法〉修订的法治时空观》，《华东政法大学学报》2014年第3期。

② 早在2010年，就有媒体曝光过宁夏中卫市有企业向腾格里沙漠排放污水的污染事件，在此后几年间，多家媒体也先后报道过腾格里经济技术开发区污染问题，但腾格里沙漠污染并没有多大改善，直到2014年9月，媒体报道了内蒙古阿拉善盟腾格里工业园区的环境污染问题，习近平总书记对腾格里沙漠污染事件作出重要批示，才引起了重视。2017年8月，经过法院调解，8家被诉企业承担近5.69亿元用于修复和预防土壤污染，并承担环境损失公益金600万元。参见陈斌《腾格里沙漠排污事件　折射新常态下生态治理隐忧》，2015年3月25日，中国网（http：//www.china.com.cn/）；《2017年度人民法院十大民事行政案件之四：腾格里沙漠系列公益诉讼案》，《人民法院报》2018年1月7日。

③ 2018年4月17日，央视《经济半小时》以“污染大户身边的‘黑保护’”为题，对山西临汾洪洞县三维集团的污染恶行进行了曝光。在记者采访过程中，当地环保局副局长长明确表示“县长都管不了”。

④ 王曦：《新〈环境保护法〉的制度创新：规范和制约有关环境的政府行为》，《环境保护》2014年第10期。

化、高科技带来的各种生态危机日益加重了个人的负担，形成了环境保护国家化与风险承担个人化之间的悖论。

一 生态产品政府责任缺位的表现

生态产品是一个较新的概念，政府尤其是地方政府对生态产品的重要性尚缺乏充分的认识，对于何谓生态产品，其和一般产品有何区别，生态产品具有何种意义，如何提供生态产品，如何增强生态产品供给能力，如何实现生态产品均衡供给等问题缺乏全面考虑和充分认知，总体而言，政府在生态产品提供方面存在“识别不到位”“供给不充分”“管理不科学”“价值实现渠道不通畅”等问题。

（一）生态产品识别不到位

生态产品识别是对何谓生态产品、生态产品的重要意义、如何有效供给生态产品等问题的认识，这是强化政府责任的前提和基础，也是生态产品一系列法律制度构建的逻辑起点。生态产品是一系列“产品”的集合，只有明确生态产品包括的具体内容，才能确定政府责任的边界和要求。但是在环境保护实践中，有些政府，尤其是地方政府，对于何为生态产品、生态产品价值、生态产品保护的意义尚缺乏充分的认识。对于生态产品的重要载体——生态环境的价值缺乏充分的认识，往往侧重于生态环境的经济价值，忽视其生态价值和文化价值。在唯经济增长的政绩观的主导下，很多地方实行“先破坏后建设”“先污染后治理”的开发方式，造成了日益严重的环境污染和生态破坏。有的地方政府为了实现短期政绩，枉顾生态规律和生态效果，采取的措施不但无法有效保护生态环境，还造成了生态环境的再次破坏。早在2004年，深圳沙井镇秃头山被刷成绿漆，伪装绿化，此后，甘肃、云南、河南等地多次出现刷绿漆、盖绿网等“复绿高招”。这些让人啼笑皆非的事件屡次出现，是地方政府“服务不到位”或“服务异化现象”[①] 的最有力证明，也反映了政府尤其是地方政府对于生态产品的重要意义认识不到位。

生态产品识别不到位的背后实际上是政府对于经济发展和环境保护的关系认识出现偏差。我国政府在环境问题应对上存在“先天不足”和

① 华章琳：《生态环境公共产品供给中的政府角色及其模式优化》，《甘肃社会科学》2016年第2期。

"后天失调"的双重弊端。一方面，我国经济发展与环境保护具有"共时性"，客观上存在经济利益和环境利益、经济发展和环境保护之间的冲突，政府尤其是地方政府担负着发展经济和保护环境的双重责任，容易出现重经济利益轻生态利益，重经济责任轻环境责任的行为偏好；另一方面，政府并非完美的化身，其本身存在"权力寻租、政府公共决策被利益集团挟持等难以克服的缺陷"①。从我国环境保护实践看，无论是环境政策制定中对环境资源支撑能力的忽视和对生态规律的违背，还是环境执法中对排污企业的偏袒和对负面环境信息的"雪藏"，都使政府在一定程度上成为环境污染者或生态破坏者。因此，破解当前阶段我国环境问题的良方，"应当是从解决'政府失灵'问题入手，达到消除或极大地减少资源环境领域'市场失灵'的目的"②。

（二）生态产品供给不充分

生态产品来源于自然界，但仅仅依靠自然供给难以满足社会公众日益增长的生态产品需求。在我国很多区域，作为生态产品载体和生产要素的生态环境持续恶化，导致我国对生态产品的供给还停留在一个较低的水平上，因此，在发挥自然供给的基础上，还需要借助人类力量，增强生态产品的供给能力。

政府生态产品供给不足主要是指政府对于环境污染、生态破坏缺乏有效的治理和修复，对自然资源缺乏有效的维护，对于生态环境缺乏有效的"生产"。自然界本身具有一定的修复能力，但如果人类的开发利用行为超过了生态的承载力，那么自然界将失去维持平衡的能力，遭到摧残或归于毁灭。对于生态系统，不但需要克制人们的过度开发利用，还需要人们积极进行污染治理、资源更新以及生态修复。环境问题的解决除了沿用修复、补救等保护性措施，还需要人们把"保护"与"创造"有效结合起来，通过人为作用有效介入环境资源的再生产，弥补自然供给的不足，增加生态产品的人类供给。当然，增加生态产品的供给需要在尊重生态规律的前提下，在人类的开发利用行为尚未超越生态承载力之前，借助人工力

① 柯坚：《我国〈环境保护法〉修订的法治时空观》，《华东政法大学学报》2014 年第 3 期。

② 王曦：《建设生态文明需立法克服资源环境管理中的"政府失灵"》，《环境保护》2008 年第 5 期。

量实施对自然的“回馈”行为。

由于受到传统发展观念的影响，我国很多地方政府往往只关注经济发展的增强，忽视了生态环境的保护。2009 年，韩国一家研究机构公布世界主要国家的综合国力排名，中国综合国力排世界第二，但在单项指标计中，唯独“环境管理能力”一项，在受评价的 18 个国家中几乎垫底。[①] 此外，有些生态产品，如新鲜的空气、清洁的水流等具有较强的流通性，这类生态产品的供给并非局限于某一地域，而是需要各地政府在各区域间开展合作，但现实中存在的地方保护主义隔断了这种联系与合作，即使存在合作的可能，也会导致合作成本的大幅度提高。

在生态产品生产中，我国还存在地域性短缺与潜在性生产能力下降[②]等问题。受到资源禀赋、财政投入等因素的影响，我国各个区域的生态产品生产能力具有不平衡性。有的区域，例如，西南地区生态产品生产能力相对高一些，尤其是森林、水资源和空气质量等生态产品。从水资源总量来看，历年西南地区水资源总量均占全国总量的 40% 左右；从森林面积来看，西南地区森林面积占全国总量的 30.3%。[③] 有的区域，例如，西北地区生态产品生产能力则相对薄弱。此外，随着公众对生态产品的需求日益增加，我国生态环境状况的恶化也使某些地区生态产品生产能力存在下降的隐患。

（三）生态产品管理不科学

生态产品在我国仍属于新生事物，生态产品的生产、供给和交易等问题都处于探索阶段。我国立法缺乏生态产品的明确规定，关于生态产品生产、供给、交易的相关制度规范非常缺乏，政府的角色定位和行为边界十分模糊，导致政府对生态产品的监管及其有效运营并不科学统一，表现为政府对生态产品的市场交易规制不力、市场主体培育不成熟、资源产权界定不清晰等。[④]

---

① 武卫政：《增强生态产品生产能力——访环保部环境与经济政策研究中心主任夏光》，《人民日报》2012 年 11 月 22 日第 20 版。

② 王兴华：《西南地区发展生态产品存在的问题与对策研究》，《生态经济》2014 年第 4 期。

③ 王兴华：《西南地区发展生态产品存在的问题与对策研究》，《生态经济》2014 年第 4 期。

④ 丘水林：《多元化生态产品价值实现：政府角色定位与行为边界——基于“丽水模式”的典型分析》，《理论月刊》2021 年第 8 期。

在生态产品的“生产”方面，政府对生态产业的培育上出现了新的政企不分，生态产品和生态资产产权制度供给短缺导致生态产品的生产端缺乏激励，经营生产要素和市场化交易的现实转化问题在厘定和明确生态产权环节遭遇了瓶颈，直接导致了生态产权供求主体不明确、生态产权主体权责利不统一等问题；在生态产品的供给问题上，由政府单一供给的模式表现为政府的大包大揽，资源的垄断带来的是生态产品供给效率的低下，易出现政府权力“寻租”的现象，效率与公平在生态产品的供给问题上均得不到保障。

生态产品管理的不科学使得生态产品难以参与市场经济循环，继而制约了生态产品的价值实现，区域间生态产品交易以解决当前生态产品供需矛盾的机制并未形成。在生态产品的交易问题上，政府在生态产品市场的准入规则、竞争规则、退出机制、利益分配和交易流程以及相关监督管理办法等方面相关规定还很不完善，生态产品的交易市场完善缺乏政策性引领，生态产品的交易环节多、交易成本高，对于衍生的服务类、文化类生态产品的交易市场和交易平台匮乏，生态产品的交易市场整体发育程度低。

目前尚没有一个明确的政府部门对生态产品的价值核算工作进行统筹，缺乏行政区域单元生态产品总值和特定地域单元生态产品价值评价体系，未能全面体现生态产品数量和质量。① 与此同时，生态产品的管理却涉及多个政府部门，生态产品的管理呈现多头、分散的特征，缺乏数据口径统一、数据共享充分的调查监测和统计体系，加之政府多部门对生态产品的交叉管理，目前生态产品权属不分，生态产品权属边界的划定存在现实障碍。

（四）生态产品价值实现渠道不通畅

在实践中，政府往往通过政策和制度来实现生态产品的价值，市场则通过经济激励和市场规制来实现生态产品价值。② 由于生态产品自身的公共物品属性和正外部性，目前阶段，市场机制尚无法发挥优化资源配置的决定性功能，故生态产品就在一定程度上需要政府主导其价值实现。自觉

① 沈辉、李宁：《生态产品的内涵阐释及其价值实现》，《改革》2021年第9期。

② 方印、李杰、刘笑笑：《生态产品价值实现法律机制：理想预期、现实困境与完善策略》，《环境保护》2021年第9期。

的十八大以来，我国虽然积极推动资源环境价格机制改革，但尚未系统建立起能全面反映市场供求状况、资源稀缺程度、生态成本的生态产品价格制度。[①] 由于生态产品物质量和价值量的评估机制、核算机制尚未建立，且在生态产品交易相关制度机制中缺乏明确定量标准的相关政策依据，当前生态产品最关键的价值实现环节缺乏基础性保障。

一方面，政府对生态产品的多元化生态补偿制度构建尚未跟进，缺乏中央和省级对生态产品补偿的纵向转移支付资金分配机制，生态产品供给方和受益方直接对接生态产品价值核算进行横向补偿的有益尝试不多，在涉及跨区域和跨流域的生态补偿方面，区域间利益平衡难以达成，又缺乏顶层设计和法律规制，致使跨行政区划的生态补偿合作机制难以达成；即使将政府主导型生态补偿方式作为生态公共产品价值实现的核心模式之一，其资金来源主要依赖于中央财政转移支付或者地方财政投入等，但生态保护以及修复工程较长、投资巨大，仅仅依赖于政府资金投入无法满足相应的需求。[②] 另一方面，政府购买和生态税费等需要以政府为主导的价值实现路径缺乏积极尝试，生态产品价值实现中的杠杆工具匮乏，也亟须架构资源有偿适用以实现生态产品外部性内部化的税费机制。

除此之外，以市场为主导的价值实现路径同样需要政府发挥“看得见的手”加以规范：生态产业化的经营需要政府引领，真正把生态环境优势转化为生态经济优势；生态产权的交易平台和交易市场需要政府搭建，并在此基础上扩大生态产权的交易种类和规模；生态金融体系的建立需要政府政策性工具的指导，绿色金融的有效实施离不开政府的支持。[③]

二 生态产品政府责任缺位的原因

（一）经济发展与环境保护具有“共时性”

从历史发展阶段看，我国环境保护和经济发展具有“共时性”的特征，这导致地方政府往往重视经济利益轻视生态利益，重视经济责任轻视

---

① 蒋金荷、马露露、张建红：《我国生态产品价值实现路径的选择》，《价格理论与实践》2021年第7期。

② 程翠云、李雅婷、董战峰：《打通“两山”转化通道的绿色金融机制创新研究》，《环境保护》2020年第12期。

③ 陈经伟、姜能鹏、李欣：《“绿色金融”的基本逻辑、最优边界与取向选择》，《改革》2019年第7期。

环境责任。20世纪70年代中后期，我国开始了工业化、现代化发展进程的同时，也开启了环境保护和环境立法的历程，与发达国家先污染后治理的环保道路不同，我国的环境保护和经济发展存在“共时性”的问题，这在客观上导致环境利益和经济利益、环境保护和经济发展存在一定的冲突。在很多地方，主要排污企业也是当地的纳税大户、GDP贡献大户，尽管我国《环境保护法》明确规定了“经济社会发展与环境保护相协调”的基本方针和“保护优先”的基本原则，但由于目前地方政府政绩考核的中心是GDP增长，发展经济成为很多地方政府的首要工作。因此，面对经济发展和环境保护的冲突，地方政府往往会向“保障经济”倾斜，出现干预环保部门工作、为企业环境违法行为“保驾护航”的现象。甚至在某些区域开发中，很多活动是在政府的领导或组织下，打着“发展经济”“脱贫致富”的旗帜破坏环境资源，造成生态危害。

（二）利益限制的立法理念

我国早期环境立法主要着眼于解决环境污染、生态破坏等环境负外部性问题，环境法的立法理念侧重修改和矫正不当的负外部性行为，这具有一定合理性和必要性，然而，我国对负外部性理论的过分强调和片面运用导致了“利益限制”的立法理念，其实质是“通过对一方或双方的利益限制对因环境资源破坏所致的利益减损进行分配和负担，以利益限制对基本环境资源的冲突与矛盾进行纠正”①。这种“利益限制”立法理念把经济利益和环境利益对立起来，忽视了人们对多样性利益的本能需求，导致生态产品供给法律制度缺失，也导致环境法实施效果不佳。

环境法的实施既需要环境管理部门的强力执法，又需要企业和社会公众的自觉遵守，然而，在过分强调政府行政强制手段的环境管理模式下，政府权力不断扩张的同时企业和公众的“话语权”和利益却往往被忽视。这一方面致使政府行为得不到监督和规范，各种政府不作为、不当作为频繁发生，生态产品供给不力等“政府失灵”现象大量存在；另一方面导致公众的生态需求得不到满足，企业等主体参与环境保护、生态产品供给的积极性不高，环境法实施效果大打折扣。

---

① 张璐：《环境产业的法律调整——市场化渐进与环境资源法的转型》，科学出版社2005年版，第25页。

(三) 生态产品法律规定缺乏

受利益限制立法理念的影响，我国环境法律制度主要围绕生态产品的“损害减少”和“使用消费”进行设计，如规定了环保税、排污许可证、自然资源税费等制度。生态产品的有限性和公共性需要我们积极促进环境正外部性行为、增加环境资源的有效供给，开展植树造林、水土保持、生态修复等工程，对破坏的生态环境进行修复和改善。但目前我国关于生态产品政府责任、生态产品“保持增益”和“生产供给”的法律制度比较缺失。

生态产品概念主要体现在我国环境政策和文件中，我国目前环境立法尚缺乏关于生态产品的明确规定，这导致政府对于生态产品的重要意义认识不到位。虽然《全国主体功能区划》和党的十八大报告提出了“生态产品”的概念，但对于“生态产品”并没有形成权威和定型的定义。国内学者关于生态产品的研究也刚刚展开，尚没有形成关于生态产品的一致认识，因此，生态产品这一概念只是存在于我国环境政策和文件中，尚没有明确规定在我国目前环境立法中。

在环境立法中，和生态产品相关的间接法律规定主要体现在以下方面。首先，关于政府环境责任的一般规定。《宪法》《环境保护法》《水法》《大气污染防治法》等法律都规定了政府具有保护环境的职责，为政府承担生态产品责任提供了基本法律依据。但由于缺乏生态产品的直接规定和法律责任设置与义务规定的不对称，这些规定“对政府而言多数还是号召性的条款，对政府和有关部门没有约束力”[①]。综观作为环境保护领域基本法的《环境保护法》以及国家制定的各种环境法律、法规、行政规章以及地方性法规、规章，其中心内容大都是围绕向政府及其部门授权展开，缺乏对生态产品政府责任的有效约束。

此外，《环境保护法》还规定了“环境友好型”[②] 产品。但环境友好型产品和生态产品有着明显的区别。在缺乏充分具体的法律规定的情况下，很多地方政府对于生态产品的认识不够充分。立法中政府供给生态产品的义务不够明确，政府责任的具体内容不够清晰，致使政府供给生态产

① 孙佑海：《新〈环境保护法〉：怎么看？怎么办?》，《环境保护》2014 年第 10 期。

② 《环境保护法》第 36 条：国家鼓励和引导公民、法人和其他组织使用有利于保护环境的产品和再生产品，减少废弃物的产生。

品的动力不足。

第二节　生态产品政府责任的复位

党的十八届三中全会做出的《中共中央关于全面深化改革若干重大问题的决定》提出，要建设法治政府和服务型政府。对于服务型政府而言，其建设的过程中必然会涉及政府服务方式的转变和服务内容的变化，因此，生态产品服务这项重大民生事项应当成为服务型政府的重要职责。

与其他主体相比，政府基于行政权威，在调动、协调和整合社会资源方面拥有绝对优势，突破当前生态产品在生态文明建设中的构建瓶颈，需要合法合理地配置政府责任，以期发挥政府在生态产品服务中的积极作用。

一　生态产品政府责任的理论基础

增强政府在生态产品供给中的责任和能力，需要政府树立“绿水青山就是金山银山”的理念，借助于现代治理理论的成果，坚持绿色发展观，对政府的管理理念和目标进行重新审视，改进政府环境管理职能，同时注重发挥市场机制和第三部门的作用。但是，基于职责能力和权力范围的不同，不同层级政府、部门之间的分工差异较大，因此，需要对不同层级政府在生态产品供给中职责分工进行厘清。本章主要分析中央政府、地方各级政府、生态环境部门和其他部门在生态产品供给中的不同职责，对于在重点生态功能区等更加具体领域的责任分工，将在之后章节中进行阐释。

（一）绿色发展理念

“绿色发展”是我国在反思西方发展方式、借鉴可持续发展思想的基础上提出的新发展观。世界环境与发展委员会在《我们共同的未来》报告中指出：“可持续发展是既满足当代人的需要，又不对后代人满足其需要的能力构成危害的发展。”可持续发展有两个核心要义，其一是发展。可持续发展的重心是发展，即改善环境质量、增进人类福祉。这种发展是为了满足人类需要，特别是世界上贫困人口的基本需要，应放在特别优先的地位考虑。其二是限制。虽然可持续发展仍然是以发展为核心，但是这种发展不是毫无节制的，对人类需求的满足应该受到生态环境承载力和生态系统完整性的限制，还要兼顾当代人利益和后代人利益，不能因当代人的发展阻碍或损坏后代人的发展。

从传统发展观到绿色发展观，意味着人类关于发展的理念发生了重要转变。西方国家的现代化、城市化进程早于我国，但期间造成的环境污染、社会不公等问题引起了人们对现代化的批判。面对日益严重的环境资源危机，我国提出新的经济发展模式——“绿色经济”。2009 年 8 月 12 日的国务院常务会议提出大力发展绿色经济，这是我国首次把发展绿色经济纳入国务院日常工作，使绿色经济成为中国政府治国理政的新发展理念。① 此后，党和政府经过不断探索，把“绿色”从单纯的经济发展模式上升为具有全局指导意义的发展理念，即绿色发展理念。党的十八大报告提出要“着力推进绿色发展、循环发展、低碳发展”，中共中央、国务院发布的《关于加快推进生态文明建设的意见》（2015）也明确提出：“坚持把绿色发展、循环发展、低碳发展作为基本途径。”②《中共中央关于制定国民经济和社会发展第十三个五年规划的建议》（2015）正式提出了创新、协调、绿色、开放、共享的五大发展理念。

绿色发展理念的提出具有重要意义，它重申了“节约资源和保护环境的基本国策”。环境和资源是人类生存和发展的基础，我国在经济迅速发展的同时消耗了大量环境资源，为了实现永续发展，我们必须放弃“先污染后治理”“先破坏后修复”的传统发展道路，必须重新审视环境资源的价值。绿色发展理念从国家层面上重申了节约资源和保护环境的基本国策，对于人们认识环境资源价值具有重要的指导意义，也有利于社会形成绿色的价值观。

绿色发展理念指出了正确的发展道路，即“生产发展、生活富裕、生态良好的文明发展道路”。绿色发展强调，评判发展的标准不是单维度的“生产发展”，而是要实现“生产发展、生活富裕、生态良好”的综合发展和协调发展；如果只有“生产发展”，没有富裕的生活和良好的生态，也不是绿色发展。

绿色发展理念的目标是实现“人与自然和谐发展”，它是处理好经济

① 方时姣：《绿色经济思想的历史与现实纵深论》，《马克思主义研究》2010 年第 6 期。

② 《中共中央、国务院关于加快推进生态文明建设的意见》，《人民日报》2015 年 5 月 6 日第 1 版。

发展和环境保护关系的有效方式和道路。人与自然和谐共处是我国生态文明建设的核心内容，也是我们进行环境保护的指导目标。绿色发展观既能实现人类发展的夙愿，又要求发展不能凌驾在自然之上，在保护自然环境中实现发展，在发展中促进自然环境的保护。

绿色发展理念是可持续发展理念的升华。在把可持续发展确立为我国环境法的立法目的和指导思想后，[①] 我国结合实际提出了绿色发展理念。徐祥民教授在《绿色发展思想对可持续发展理论的超越》报告中指出，绿色发展不是可持续发展的仿制品，也不是可持续发展的中国版。从语言逻辑上来看，绿色发展与可持续发展不是同属的两种概念。可持续发展概念的上位概念不是发展，而是经济发展，可持续发展词组中的发展的核心含义是经济发展。绿色发展的内涵要更加丰富，至少包括三项内涵，即生产发展、生活富裕和生态良好。可见，绿色发展包含良好环境，而对于可持续发展概念来说，良好环境是外在的，即良好环境是为经济发展服务的，经济发展概念本身并不包含良好环境这一含义。[②]

（二）“绿水青山就是金山银山”理论

党中央多次强调，“我们既要绿水青山，也要金山银山。宁要绿水青山，不要金山银山，而且绿水青山就是金山银山。”党的十九大报告也指出：“必须树立和践行绿水青山就是金山银山的理念。”“绿水青山就是金山银山”理论（以下简称为“两山”理论）是我国对经济发展与环境保护关系深刻认识之后形成的智慧结晶，“绿水青山”意指良好的生态环境，“金山银山”则代表着物质财富，“两山”理论突出强调了保护生态环境的必要性和重要性，是实践绿色发展的重要保障，也是践行生态文明思想的重要内容。

随着现代生态学和自然科学的发展，人们深刻意识到工业化、现代化对环境的破坏和危害一旦造成往往具有不可逆性，如果修复，需要付出高昂的代价，有些甚至难以恢复。西方发达国家经历了“先污染后治理”

---

① 1994年，中国政府制定的《中国21世纪议程》确立了“可持续发展战略”，此后的《海洋环境保护法》（1999）、《大气污染防治法》（2000）、《草原法》（2002）、《清洁生产促进法》（2002）、《可再生能源法》（2005）、《固体废物污染防治法》（2005）、《水污染防治法》（2008）、《循环经济促进法》（2008）、《环境保护法》（2014）等法律纷纷把可持续发展确立为环境法的立法目的和指导思想。

② 《天津大学法学院习近平生态文明思想研讨会会议综述》，2018年8月23日。

的惨痛教训，我国提出的“两山”理论正是对西方发展道路反思的智慧成果，符合我国当前的发展规律和发展方式。

“两山”理论是综合生态系统管理理论的体现。习近平在关于《中共中央关于全面深化改革若干重大问题的决定》的说明中指出：“山水林田湖是一个生命共同体，人的命脉在田，田的命脉在水，水的命脉在山，山的命脉在土，土的命脉在树。”由此使我们认识到，生态系统的各个要素（山、水、林、田、湖）具有密切的联系性，环境问题具有复杂性和科学不确定性，这需要综合生态系统管理这样的新模式。综合生态系统管理的对象是生态、经济、社会的复合系统，它承认并重视人与自然之间存在的必然联系，它要求全面、综合地理解和对待生态系统及其各个组成部分，它要求综合生态系统中自然资源对人类福利和生计需要的满足，它为规划、利用、管理自然资源和自然环境（如山、水、林、田、湖等）提供新的方法，特别是科学的规划方法，为更加有效地、可持续地利用生态系统的自然资源奠定了基础，使生态系统的自然资源开发、利用和保护工作秩序井然地进行，从而实现经济与环保的双赢。

“两山”理论是对传统发展观深刻反思后的升华。在传统发展观的支配下，西方国家走过了一条“先污染后治理”的道路，造成了环境资源的极大消耗和生态危机的加重。我国在借鉴国外发展经验，立足我国发展实际的基础上，提出了绿色发展理念。绿色发展是对“两山”理论的升华，“两山”理论要求人们改变传统的生产方式和生活方式，加强对环境资源的保护以实现环境资源的永续利用，正确处理好经济发展和环境保护的关系，在两者产生冲突时，要优先进行环境保护，实现人与自然的和谐相处。“两山”理论主张增进社会福利、促进社会发展，必须建立在生态系统的承载力之内，否则，发展便是不可持续的，这与绿色发展的要求具有一致性。绿色发展的基本要求是加强对“绿水青山”的保护，当发展要以“绿水青山”为代价时便“宁要绿水青山，不要金山银山”；绿色发展的基本目标是在经济发展和环境保护之间找到平衡的桥梁，“既要绿水青山，又要金山银山”；绿色发展的最高境界便是“绿水青山就是金山银山”,[①] 借助于良好的生态环境促进经济的发展。

---

① 卢国琪：《“两山”理论的本质：什么是绿色发展，怎样实现绿色发展》，《观察与思考》2017 年第 10 期。

“两山”理论有利于地方政府树立绿色的政绩观和财富观。由于我国环境保护和经济发展具有“同时性”的特点，过去很多地方政府秉承着“唯GDP”“GDP决定一切”的错误政绩观，在唯经济增长的政绩观的主导下，很多地方实行“先破坏后建设”“先污染后治理”的开发方式，造成了日益严重的环境污染和生态破坏。在这种理念的支配下，很多地方政府主要关注环境资源的经济价值，认为只有通过开发利用才能实现其使用价值。“两山”理论的提出使地方政府认识到，“绿水青山”等自然资源、生态环境本身也是宝贵的财富资源。“绿水青山”不仅仅具有一般意义上的经济价值，更具有涵养水源、气候调节、净化空气、生物防治、休闲娱乐等生态价值和文化价值；保护好生态环境，这些生态价值和文化价值可以借助于生态旅游、生态农业等方式转换为经济价值。因此，“绿水青山”不但能够转化为“金山银山”，“绿水青山”本身也是“金山银山”。

（三）治理理论

我国传统的环境管理体制和管理制度是管理理论在环境保护领域的延伸，其主要依赖政府管理而忽视了市场、社会和公众的积极参与，我们对政府的过度依赖和盲从带来了现实中的种种弊端，因此，必须寻找基于政府、市场和社会广泛合作形成的环境责任共同分担的“灵丹妙方”，而治理理论恰恰可以为我们提供有力的指导。

现代意义上的治理理论兴起于20世纪90年代的欧洲，它不是技术规范意义上的治理（elimination或rectification），也区别于统治（government）、控制（control）和管理（management）。经过诸多学者的研究和论证，治理理论被广泛运用于解决包括环境问题在内的各种社会事物，成为认识、解决环境问题的一种重要且有益的分析框架与方法工具。随着治理理论被广泛地被运用于各个领域，有学者呼吁“‘治理社会’已经来临”。但直到现在，治理概念仍未达成一致，关于治理的定义足有十几种之多，其中，全球治理委员会的定义更具有权威性，即治理是使相互冲突的或不同的利益得以调和并且采取联合行动的持续的过程；既包括有权迫使人们服从的正式制度和规则，也包括各种人们同意或以为符合其利益的非正式的制度安排。该定义的范围非常广泛，不仅包括政府的各种规则和安排，还包括非政府组织、社会公众、跨国公司、环保团体的各种活动。

与传统的管理相比，治理具有主体多元化、手段多样化、过程互动化和目标共赢化等特征，对于供给生态产品具有天然的优势。因此，需要借鉴环境治理理论，对生态文明建设中的生态型政府进行“重塑”，把传统意义上的行政管制和市场调整、社会调整三种调整机制进行有力的整合，通过相关立法将市场调节、政府干预和公众参与的综合运用提高到法律原则、法律手段、法律制度的高度，形成供给生态产品的综合性调整机制和共同分担机制。具体而言，就是在对政府的管理理念和目标进行重新审视，改进政府环境管理职能的同时，增强非政府组织的法律地位，完善公众参与的法律途径，通过发展绿色产业、开展生态修复、公众参与等市场机制和社会调整途径，实现生态产品的有效供给。

二 生态产品政府责任的合理分配

生态产品供给需要中央政府、地方各级政府、生态环境部门和其他部门共同发挥作用，但是，基于职责能力和权力范围的不同，政府之间、部门之间的分工差异较大。本部分主要从宏观角度分析中央政府、地方各级政府、生态环境部门和其他部门在生态产品供给中的不同职责，对于在重点生态功能区等更加具体领域的责任分工，将在之后章节中进行阐释。

（一）政府职责分配的层次化

在目前的法律规范下，我国中央政府和地方政府、地方政府之间、生态环境部门和其他部门在环境治理职责分配上均存在失衡现象。法律对中央和地方政府环境治理职责的范围缺乏明确划分，对地方政府跨区域环境治理合作缺乏明确规定，对于环境保护主管部门，法律规定其作为统一监督管理部门，这主要是针对行政相对人而言的，法律并没有赋予环境保护主管部门对于其他行政主体在环境保护方面的“统一”权限和手段。[①] 理顺上述主体间的职责和权力图谱，合理分配不同治理主体之间的权力和职责，在权力分配的同时，完善法律责任的分配与追究，是政府责任实现的关键。

从中央和地方政府的权力分配和责任内容看，需要改变重视地方政府环境责任，轻视中央政府环境责任的偏向。中央政府处于整个生态文明建

---

① 吴卫星：《论环境规制中的结构性失衡——对中国环境规制失灵的一种理论解释》，《南京大学学报》（哲学·人文科学·社会科学版）2013 年第 2 期。

设的核心和领导地位。① 提高生态产品供给能力需要具有影响力的中央政府的积极推动，中央政府需要做好“决策者”“指挥者”和“引领者”，其在国土空间规划布局、生态空间管控策略等方面要发挥权责配置和法律制度供给保障等作用。

在环境保护和生态产品供给中，中央政府和地方政府分别承担不同的角色和职责。西方发达国家环境法的发展是随着公众环境意识的提高、在公众的推动下长期“自然演化”形成的，与西方国家的形成过程相区别，我国环境法的产生和发展是在中央政府的强力推动下“自上而下”产生的。这种“自上而下”的生发路径推动我国环境法治建设和环境治理取得诸多成就，也赋予各级政府在生态产品供给中存在不同的历史使命。

（二）中央政府职责

中央政府身兼政治、经济、文化和社会四大类职能，生态产品供给牵一发而动全身，故中央政府对提供生态产品应该做到态度明确、目标清晰。在生态产品领域中，中央政府的职能具有多重性。（1）中央政府应当履行为全社会提供公共产品的职责。中央政府利用行政手段和经济手段的组合拳，要求地方各级政府、企业和自己一起提供具有公共产品属性的清洁空气、清洁水源、宜人气候和舒适环境等生态产品。例如，在全国生态功能区规划、建设过程中，中央政府通过制定规划、政策、财政转移支付等方式发挥其供给生态产品的作用。（2）中央政府需要做好经济发展和环境保护的平衡工作。中央政府在要求地方政府和企业提供生态产品的同时也要确保经济发展的活力、兼顾生产发展。因此，中央政府往往力求两全其美，既提供生态产品又保持经济平稳增长，达到双管齐下的政策效果。生产生态产品和促进经济增长常常存在矛盾，中央政府会视不同时期采取不同的政策措施，是保增长还是保生态产品会根据当时情况的轻重缓急相机抉择。②（3）中央政府需要做好生态产品的基础工作。前文分析指出，我国立法中没有涉及生态产品的直接规定，对于何谓生态产品，生态产品具体涵盖的范围，生态产品的意义，如何供给生态产品等问题，很多

① 张红杰、徐祥民、凌欣：《政府环境责任论纲》，《郑州大学学报》（哲学社会科学版）2017 年第 3 期。

② 林黎：《我国生态产品供给主体的博弈研究——基于多中心治理结构》，《生态经济》2016 年第 7 期。

地方政府缺乏充分的认知，这就需要中央政府做好相关政策和制度建设，引导地方政府认识到生态产品的重要意义并为政府、市场和第三部门供给生态产品提供基本的制度、政策支持。

（三）地方政府职责

地方政府是环境保护政策的落实者和环境法律法规的执行者，是环境保护和生态产品供给的具体的实施者，其职责应该具体化和落地化。在生态产品中，其更多承担的是生态产品供给、分配、管理等各项具体工作。地方政府要明确生态产品供给目标，按照中央政府要求，逐层签订任务书和责任书，严格按照行政首长负责制和目标责任制的要求，结合区域实际情况，分解落实生态产品供给任务；需要落实中央政府关于生态红线划定、重点生态功能区划定、管理、维护和生态补偿等工作；需要在生态环境保护、自然资源等部门之间做好沟通工作，形成生态产品供给的合力；需要在各区域间进行利益平衡，通过实施生态补偿等制度实现某些区域生态产品利益外溢的“内部化”；需要落实生态产品交易法律制度，为生态产品交易提供基础平台，规范生态产品交易的主体、程序等。对于地方政府，根据各层级地方政府能力的不同，分别设置不同的责任承担。

在地方政府部门之间，也需要做好协调工作，尤其是发挥生态环境部门的监管职责。根据《环境保护法》等法律规定，我国实行的是生态环境部门统一监督管理、其他政府有关部门分工负责的监督管理体制，但对于生态环境部门如何进行“统一监督管理”，则缺乏具体的制度保障。生态产品具有整体性的特征，为了防止各个部门职责“割裂化”，需要增强生态环境部门的统领作用。这就需要赋予生态环境部门对由相关部门职掌但与环保有关的重要决策的否决权，或者拒绝联署权。这项职权需要通过立法创设，即由法律规定当一定部门就有关事项做出某种决策时须得到环保部门的附署才能生效。①

三 生态产品政府责任的内容体系

2014年《环境保护法》修订时把加强政府环境责任作为重点，通过对《环境保护法》体系结构和具体条文进行分析，可以发现，法律已经

① 张红杰、徐祥民、凌欣：《政府环境责任论纲》，《郑州大学学报》（哲学社会科学版）2017年第3期。

构建起政府提供生态产品的职责体系。政府本身承担着多重角色，它不仅仅是生态环境监管者，还应当承担起生态正义代言人、生态公共产品提供者和生态权利冲突仲裁者的责任。[①] 因此，生态产品政府责任内容具有多样化的特点。通过对《环境保护法》以及各单行环境保护、自然资源立法分析可以发现，我国环境立法既确立了“改善环境质量”这一政府责任目标，也规定了政府的行为责任、监管责任和目标责任等不同属性的责任形态，[②] 形成了体系化的生态产品政府责任内容。

生态产品政府责任是一个责任体系。政府的责任目标主要是提供生态产品，行为责任包括划定生态红线、实施空间管控、开展生态补偿等，这是实现生态产品供给目标的重要途径。在政府不直接承担供给义务的生态产品领域，政府还应当承担监管责任，此外，政府还具有宣传引导责任，营造良好的社会氛围。

（一）政府的责任目标

环境法律明确了政府“改善环境质量”的责任目标。《环境保护法》在“总则”部分规定了政府具有保护环境的职责，明确了“地方各级人民政府应当对本行政区域的环境质量负责”（第6条）这一基本要求。在“保护和改善环境”部分，《环境保护法》要求地方各级人民政府要“改善环境质量”[③]，这是一种比“保护”更高的义务要求。“保护”是指“尽力照顾，使不受损害”[④]，其以现存环境状况的完整和良好为逻辑前提，目的是维持环境现状不使其恶化，因此对政府而言主要是一种“现状保持的义务”[⑤]。而改善是使之达到更好的状态，这对政府提出了更高的义务要求，即地方各级人民政府应当“采取有效措施”使环境质量得到“改善”。

环境是大气、水、土壤、矿藏等环境要素的集合，环境质量涵盖了

① 刘小龙、吕志：《环境正义、利益博弈与政府责任》，《医学与哲学》（A）2014年第2期。

② 姜渊：《政府环境法律责任的反思与重构》，《中国地质大学学报》（社会科学版）2020年第2期。

③ 《环境保护法》第28条规定：地方各级人民政府应当根据环境保护目标和治理任务，采取有效措施，改善环境质量。

④ 商务国际辞书编辑部：《现代汉语词典》，商务印书馆2017年版，第34页。

⑤ 陈海嵩：《国家环境保护义务论》，北京大学出版社2015年版，第94页。

空气质量、地表水质量、地下水质量、土壤质量等内容，环境质量的改善意味着空气质量更加优良、水源更加清洁、自然遗迹和人文遗迹得到更好的保护。“对环境质量负责”“改善环境质量”可以理解为政府有义务采取措施改善环境质量，保障空气清洁、水源干净、环境优美，这些保障义务实现的同时亦承担了供给生态产品的责任。在此基础上，《土壤污染防治法》[①]《大气污染防治法》[②]《水污染防治法》[③]《海洋环境保护法》[④]《防沙治沙法》[⑤]《森林法》[⑥]等法律在具体领域对政府环境责任进行了明确规定。生态产品是一个集合概念，它涵盖了清洁空气、清洁水源、宜人气候、丰富的生物多样性及保存完好的自然遗迹、人文遗迹等，上述法律规定为政府承担生态产品法律责任提供依据。

环境质量目标的确定具有重要的意义，这是我国环境治理历史经验的总结。我国的环境治理经历了对个体行为控制到总行为控制的发展过程，但对实现环境保护目标来说，具有决定意义的不是总行为控制，而是环境质量目标；不是把某个总行为设定为规制目标，而是把环境质量目标确定为法律的直接规制目标。[⑦] 因此，在生态产品领域，政府的责任目标就是提供优良的生态产品，这一目标暗含在“改善环境质量”的责任目标中。

供给生态产品是政府责任的重要内容。生态产品具有公益性、共享性、普惠性的特点，在环境保护领域常常存在大量的“搭便车”行为，

---

① 《土壤污染防治法》第5条规定：地方各级人民政府应当对本行政区域土壤污染防治和安全利用负责。

② 《大气污染防治法》第3条规定：地方各级人民政府应当对本行政区域的大气环境质量负责，制定规划，采取措施，控制或者逐步削减大气污染物的排放量，使大气环境质量达到规定标准并逐步改善。

③ 《水污染防治法》第4条规定：地方各级人民政府对本行政区域的水环境质量负责，应当及时采取措施防治水污染。

④ 《海洋环境保护法》第7条规定：沿海地方各级人民政府应当根据全国和地方海洋功能区划，保护和科学合理地使用海域。

⑤ 《防沙治沙法》第4条规定：沙化土地所在地区的地方各级人民政府，应当采取有效措施，预防土地沙化，治理沙化土地，保护和改善本行政区域的生态质量。

⑥ 《森林法》第6条规定：国家以培育稳定、健康、优质、高效的森林生态系统为目标，对公益林和商品林实行分类经营管理，突出主导功能，发挥多种功能，实现森林资源永续利用。

⑦ 徐祥民：《环境质量目标主义：关于环境法直接规制目标的思考》，《中国法学》2015年第6期。

导致私人参与生态产品供给的动力不足。根据我国当前的情况，生态产品大部分由中央和地方各级政府筹资、投资，直接或间接提供，少数由企业提供。因此，政府成为供给生态产品的主要力量。

（二）政府的行为责任

政府的行为责任即要求政府实施某种行为。在行为责任中，政府也同单位和个人一样，需要以具体的行为来承担环保责任，成为法律调控环境行为的直接对象。[①] 在环境法律体系中，虽然没有政府提供或供给生态产品的明确规定，但关于划定生态红线、进行生态空间管控、公开环境信息、进行生态补偿等规定对政府提出了积极行为的义务要求，这些要求有助于生态产品政府责任的实现。

1. 划定生态红线并严格保护的责任

《环境保护法》规定，国家在重点生态功能区、生态环境敏感区和脆弱区等区域划定生态保护红线，实行严格保护。同时，要求各级人民政府“对具有代表性的各种类型的自然生态系统区域，珍稀、濒危的野生动植物自然分布区域，重要的水源涵养区域，具有重大科学文化价值的地质构造、著名溶洞和化石分布区、冰川、火山、温泉等自然遗迹，以及人文遗迹、古树名木，应当采取措施予以保护，严禁破坏”。政府不但要划定生态红线，还要对红线区域采取严格保护措施。无论是自然生态系统区域、珍稀、濒危的野生动植物自然分布区域还是自然遗迹、人文遗迹都是重要的生态功能区，对其严格保护的制度逻辑是维护其提供生态产品或生态服务的主体功能。因此，生态红线制度背后的行为责任服务于增强生态产品供给的责任目标。

2. 实施生态补偿的责任

生态补偿主要是指运用各种激励手段促进人们对生态环境的维护和保育，调整各种正外部性行为主体或者利益受损主体在环境利益（经济利益）上的分配关系、解决利益外溢问题的法律制度，其本质是“受益补偿”，是对环境资源的保护者、恢复者等正外部性行为主体进行的补偿。当社会主体通过自己的付出或牺牲发展机会提供生态产品时，国家应当对其进行补偿。

---

① 姜渊：《政府环境法律责任的反思与重构》，《中国地质大学学报》（社会科学版）2020年第3期。

目前的《环境保护法》[①]《森林法》[②]《防沙治沙法》[③]《海洋环境保护法》[④]《湿地保护法》[⑤]《野生动物保护法》[⑥] 等法律均规定了生态补偿制度，明确了国务院和地方各级政府在生态补偿中的不同职责。国务院的职责主要是建立补偿制度和加大财政投入。如《环境保护法》规定，国家建立、健全生态保护补偿制度，国家加大对生态保护地区的财政转移支付力度（第 31 条）。《湿地保护法》也规定，国务院应当按照事权划分原则加大对重要湿地保护的财政投入，加大对重要湿地所在地区的财政转移支付力度（第 36 条）。地方各级政府既是直接的筹集资金、实施生态补偿行为的补偿主体，也是市场化补偿机制的实施者、组织者。地方政府的直接补偿职责在《森林法》《防沙治沙法》《海洋环境保护法》《湿地保护法》《野生动物保护法》等法律中均有体现，如《野生动物保护法》规定，因保护本法规定保护的野生动物，造成人员伤亡、农作物或者其他财产损失的，由当地人民政府给予补偿。《湿地保护法》也明确了地方政府的直接补偿和实施市场化补偿的职责。

3. 管控生态空间的责任

生态空间是具有自然属性、以提供生态产品或生态服务为主体功能的

---

① 《环境保护法》第 31 条规定：国家建立、健全生态保护补偿制度。国家加大对生态保护地区的财政转移支付力度。有关地方人民政府应当落实生态保护补偿资金，确保其用于生态保护补偿。国家指导受益地区和生态保护地区人民政府通过协商或者按照市场规则进行生态保护补偿。

② 《森林法》第 7 条规定：国家建立森林生态效益补偿制度，加大公益林保护支持力度，完善重点生态功能区转移支付政策，指导受益地区和森林生态保护地区人民政府通过协商等方式进行生态效益补偿。

③ 《防沙治沙法》第 35 条规定：因保护生态的特殊要求，将治理后的土地批准划为自然保护区或者沙化土地封禁保护区的，批准机关应当给予治理者合理的经济补偿。

④ 《海洋环境保护法》第 24 条规定：国家建立健全海洋生态保护补偿制度。开发利用海洋资源，应当根据海洋功能区划合理布局，严格遵守生态保护红线，不得造成海洋生态环境破坏。

⑤ 《湿地保护法》第 36 条规定：国家建立湿地生态保护补偿制度。国务院和省级人民政府应当按照事权划分原则加大对重要湿地保护的财政投入，加大对重要湿地所在地区的财政转移支付力度。国家鼓励湿地生态保护地区与湿地生态受益地区人民政府通过协商或者市场机制进行地区间生态保护补偿。因生态保护等公共利益需要，造成湿地所有者或者使用者合法权益受到损害的，县级以上人民政府应当给予补偿。

⑥ 《野生动物保护法》第 19 条规定：因保护本法规定保护的野生动物，造成人员伤亡、农作物或者其他财产损失的，由当地人民政府给予补偿。

国土空间。《用途管制办法》规定，对生态空间依法实行区域准入和用途转用许可制度，重点明确了生态、农业与城镇空间的转用管理和生态空间内部用途转化规则与要求，严格控制生态空间转为农业、城镇空间，并提出休养生息、生态修复和改造提升等措施。除此之外，还规定了确权登记、协同管理、协议管护、生态保护补偿等政策保障。

4. 信息公开的责任

在政府权力不断扩张、企业和公众的“话语权”与利益不断被忽视的情况下，政府的环境行为得不到有效监督和规范，政府不作为、不当作为频繁显现，环境冲突和群体性事件不断发生，形成了环境保护国家化与责任承担虚无化之间的悖论。市场和第三部门参与到生态产品供给中，需要政府增强信息公开，构建生态产品公众需求表达制度。

环境信息公开既能保障公众的信息知情权，为公众参与环境保护提供基础，也能增强政府公信力、及时化解社会矛盾以及防范群体性环境事件发生。《环境保护法》以立法形式确立了公民、法人和其他组织依法享有获取环境信息、参与和监督环境保护的权利（第 53 条）。《政府信息公开条例》对于信息公开的原则、内容和程序等做出明确规定。作为环境信息最主要的掌握主体，各级人民政府生态环境部门和其他负有环境保护监督管理职责的部门应当依法公开环境信息、完善公众参与程序，为公民、法人和其他组织参与和监督环境保护提供便利。

政府环境信息公开的范围非常广泛，涵盖了环境质量状况、环境统计和环境调查信息、主要污染物排放总量指标分配及落实情况、建设项目环境影响评价文件受理情况等十余项环境信息内容。信息公开有利于促进环境公共利益维护和生态产品的供给。学者通过对以官方环保重点城市名单为主体的 120 个城市进行实证研究发现，政府环境信息公开在总体上显示出对环境治理的正向净效应，提高环境信息透明度能够显著控制 PM2. 5 浓度与工业废水排放。①

为增强生态产品供给能力，政府应当公开如下环境信息：（1）大气、水等环境要素的质量状况。空气和水与公众生活联系最为密切，其质量状

① 杨煜、陆安颉、张宗庆：《政府环境信息公开能否促进环境治理？——基于 120 个城市的实证研究》，《北京理工大学学报》（社会科学版）2020 年第 1 期。

况是最需要公开的信息。《大气污染防治法》[①]《水污染防治法》[②] 规定政府应当公开环境质量限期达标的执行情况。（2）湿地、森林等自然资源的相关信息。湿地、森林提供诸多生态产品，如洁净的空气、淡水、绿色空间、动植物栖息地等，以满足人民日益增长的优美生态环境需要。根据《森林法》[③]《湿地保护法》[④] 等法律规定，我国建立自然资源调查监测评价制度，政府对于湿地、森林等自然资源的调查、评价信息应当及时公布。（3）主体功能区、生态功能区等区域的建设情况，这些区域具有提供生态产品的重要功能，

（三）政府的监管责任

政府监管的直接目的是保证行为主体按照法律设置的规则开展活动，监管的手段是对所有违反规则的个人和单位进行惩罚。[⑤] 生态产品具有公共物品属性，有些难以直接实现市场交易，因此从使用价值到交换价值的实现离不开政府的监管。当前，自然资源及其产品价格偏低、生产开发成本低于社会成本、保护生态得不到合理回报，大量生态产品被免费、无约束地过度使用，造成生态产品被严重破坏。[⑥] 故需要政府加强对生态产品生产、供给和交易的监管力度，维护市场秩序，健全生态产品的市场体系，以生态产品市场主体的培育和自然资源有偿使用制度促进生态产品有效供给和交易顺利开展。

---

① 《大气污染防治法》第 16 条规定：城市人民政府每年在向本级人民代表大会或者其常务委员会报告环境状况和环境保护目标完成情况时，应当报告大气环境质量限期达标规划执行情况，并向社会公开。

② 《水污染防治法》第 18 条规定：市、县级人民政府每年在向本级人民代表大会或者其常务委员会报告环境状况和环境保护目标完成情况时，应当报告水环境质量限期达标规划执行情况，并向社会公开。

③ 《森林法》第 27 条规定：国家建立森林资源调查监测制度，对全国森林资源现状及变化情况进行调查、监测和评价，并定期公布。

④ 《湿地保护法》第 12 条规定：国家建立湿地资源调查评价制度。国务院自然资源主管部门应当会同国务院林业草原等有关部门定期开展全国湿地资源调查评价工作，对湿地类型、分布、面积、生物多样性、保护与利用情况等进行调查，建立统一的信息发布和共享机制。

⑤ 姜渊：《政府环境法律责任的反思与重构》，《中国地质大学学报》（社会科学版）2020 年第 3 期。

⑥ 陈清、张文明：《生态产品价值实现路径与对策研究》，《宏观经济研究》2020 年第 12 期。

在生态产品价值实现过程中，政府具有重要的引导和监管作用，需要政府这只“看得见的手”划定生态产品供给范围，制定生态产品供给制度等相关措施。[①] 所以政府的职能定位和角色定位应当为生态产品的规划监督者，在与市场经济组织之间的权责利关系的处理和协调中发挥引导规制作用，才能使公共服务的目标理性和市场机制的工具理性相结合，最终构建起良好的生态产品价值实现的运营机制。例如，以生态补偿实现生态产品价值转化的调节服务类生态产品，需要通过政府监管解决要素分割、补偿对象交叉问题，促使补偿资金形成合力，提升自然资源配置效率，以真正体现生态系统服务价值。

（四）政府的宣传引导责任

社会公众对于生态产品的价值和意义认识不够充分，在社会范围内积极开展生态文明教育，对于充分认识环境的生态价值和生态产品的意义具有重要作用。

党的十八大报告明确指出，要“加强生态文明宣传教育，增强全民节约意识、环保意识、生态意识，形成合理消费的社会风尚，营造爱护生态环境的良好风气”。保护环境和生态产品良好风气的形成需要政府积极发挥引导和宣传责任。《环境保护法》要求“各级人民政府应当加强环境保护宣传和普及工作，鼓励基层群众性自治组织、社会组织、环境保护志愿者开展环境保护法律法规和环境保护知识的宣传，营造保护环境的良好风气”。

开展生态文明教育是推动生态文明建设的基本要求。我国的生态危机不仅是资源能源的危机，更是生态教育的危机，应对日益严重的环境问题，不仅要推动科技创新、加强法制建设，还要培养生态文明建设人才。政府需要大力开展生态文明教育，普及生态文明知识、传播生态文明理念，唤起社会公众的生态危机意识、责任意识和法治意识，培养社会公众的生态文明行为。

生态文明教育是一个系统工程，蕴含着丰富的内容，政府应该积极供给多元化、多层次的生态文明教育内容，着重开展以下方面的生态文明教育。（1）培养生态危机责任意识。保护生态环境、建设生态文明需要社

① 马晓妍、何仁伟、洪军：《生态产品价值实现路径探析——基于马克思主义价值论的新时代拓展》，《学习与实践》2020 年第 3 期。

会公众的积极参与，部分公众还没有意识到自己在生态环境保护中的重要责任，需要加强生态责任教育，引导他们认识到生态保护中“公众参与”的重要意义和具体途径。（2）明确美丽中国建设目标。通过开展生态文明教育，使社会公众树立可持续发展的理念，认识到人与自然及其他生命体的命运紧密相连。（3）促进绿色消费文明行为。“消费主义”的盛行导致环境资源的大量浪费，应该积极加强社会公众的绿色消费教育，培养公众的绿色消费观念和行为，还要营造资源节约、环境友好的绿色消费氛围。（4）树立生态文明法治理念。虽然我国形成了系统且完整的生态保护法律体系，但对于生态保护法律法规，社会公众往往知之甚少，因此需要开展生态文明法治教育，培养生态法治思维，树立环境公平和环境义务理念，养成遵守、践行生态保护法律法规的自觉行为。

大学生是践行生态文明理念的重要群体，也是未来生态产品供给主体的中坚力量，应该着力对大学生群体开展生态文明教育。加强生态文明教育对社会公众责任意识的培育，要将大学生生态文明责任意识融入高校教育过程，不断扩展生态文明的教育途径。（1）丰富生态文明教育方式。将理论与实践相结合，在实践中深化对生态文明教育的认识，积极拓展教育资源，为学生搭建良好的生态文明教育平台。（2）将生态文明教育落在实处。通过开展绿色校园建设，使大学生形成节约资源、减少浪费的良好风气，通过实施绿色环保措施，减少校园能源消耗和浪费，使生态文明教育从虚入实。（3）发挥生态文明教育辐射效应。生态文明教育产生的良好效果并不局限于高校之内，通过高校师生的文明行为可以带动家庭、社区、社会重视生态文明教育，产生良好的辐射效果，形成校内、校外共同建设生态文明的合力。

第四章　生态产品供给中的政府责任

随着市场功能的不断完善和社会自治能力的增强，以及政府失效、市场失灵等客观现实的显现，生态产品的供给不能依赖任何单一主体，各个主体间必须协同合作，以多中心方式提供，才能有效增强生态产品的供给能力。

但纯生态产品的供给仍然以政府为最主要的主体。政府借助于生态空间规划、生态红线、生态空间用途管制等方式，实现纯生态产品的创造、维系和改善。重点生态功能区是提供生态产品的重要区域，探讨重点生态功能区建设中的政府责任成为分析生态产品政府责任的重要内容。政府尤其是地方政府，对于重点生态功能区产业准入负面清单制度的实施、生态补偿制度的完善都具有不可推卸的责任。

第一节　生态产品供给的主体与模式

受制于我国传统经济体制的影响，我国的公共服务供给采用的是“自上而下”的管理决策模式，[①] 政府在很长的一段时期内充当着公共服务唯一供给主体的角色。随着市场经济体制的确立和第三部门的发展壮大，政府利用市场或第三部门供给生态产品成为可能。无论政府供给还是市场或第三部门供给，都需要完善的法律制度予以规范。

一　生态产品的供给主体

生态产品作为环境公共利益的载体，是一种典型的公共物品。人们对生态产品需求的增长使得生态产品的供给问题日益突出，由谁供给，如何

---

① 袁年兴:《论公共服务的“第三种范式”——超越“新公共管理”和“新公共服务”》,《甘肃社会科学》2013 年第 2 期。

供给，成为我们必须面对和思考的重要问题。从世界范围看，关于公共物品的供给主体，经历了从一元供给到多元供给的演变历程，这对于我国生态产品供给制度的探索具有重要启示。

（一）政府供给的优势与缺陷

供给公共物品是政府的职责所在，是政府必须履行的法律义务。政府供给公共物品具有财政、权威、权力等各方面的优势，政府拥有雄厚的资金支持，政府供给公共物品更容易解决“搭便车”问题等，但随着人们对公共物品需求的增长，人们发现政府在公共物品供给方面也存在诸多局限。

首先，公共物品供给造成了政府财政负担过重，导致公共物品供给短缺。从理论上讲，政府是全体公民权利“让渡”的产物，供给公共物品、实现社会公共利益是政府的职责所在，但由于受到经济发展水平和财政支出的限制，许多国家无力对公共物品进行大规模的投资，难以满足社会发展的需求，导致公共物品供给不足。如第二次世界大战后，西方建立大规模的福利国家，但在 20 世纪 70 年代出现了严重的财政危机，导致经济发展停滞。因此，随着福利国家危机的出现，许多经济学家开始怀疑政府作为公共物品唯一供给者的合理性。

其次，作为公共物品的唯一供给者，竞争的缺乏导致政府部门运转效率低下和公共物品质量下降。与其他市场上的企业相比，政府提供公共物品不以利润最大化为目标，这导致政府缺乏降低成本、提高效益的动力，政府部门效率低下。例如，在过去的几十年里，我国海洋生态产品的提供基本上是政府单一供给模式。政府生态环境部门一方面享有行业的监督管理权，另一方面又缺乏竞争，使得这些部门运转效率十分低下，有限的公共资源得不到充分利用。此外，由于政府部门不但具有行政权力方面的优势，还处于经济上的垄断地位，对于公共物品，公众无法像购买私人物品那样自由选择，即使政府供给的公共物品质量低下、价格高昂，也只能无奈接受。

最后，在政府垄断供给公共物品的情况下，消费者的真实需求无法充分体现，导致政府供给和社会需求之间的矛盾，造成公共物品供需不匹配、结构不合理。由于决策机制的缺陷和消费者需求显示的障碍，常常出现某些领域公共物品供给超过需求，造成资源闲置或浪费，而在其他领域却供给不足的现象。此外，由于社会公众对公共物品需求存在差异性，单一的供给模式只能提供同数量、同种类的公共物品，导致只有部分人的需求得到满足。上述种种现象说明了“政府失灵”的存在，人们开始对传统公共物品供给模式进行反思，“政府并不是唯一的提供者”[①] 这一理念逐渐得到了人们的认可，公共物品供给主体也开始从一元转变为多元。

综上所述，在生态产品供给中，政府理应是主导性的供给主体，但不是唯一主体，必须改变这种政府单一主体的供给模式，建立复合多样的供给模式。与政府供给公共物品存在的上述缺陷相比，市场和第三部门[②]在公共物品供给方面具有某种可能甚至是优势。

（二）市场供给的优势与弊端

随着产权理论的提出和发展，人们认识到市场也可以供给公共物品。传统经济学理论认为，由于具有非竞争性和非排他性的特征，公共物品在消费过程中容易产生外部性，因此，私人供给公共物品的动力不足。但产权学派的创始人科斯提出可以采用产权方法解决外部性问题，这为私人供给公共物品扫清了障碍。在继承科斯部分理论的基础上，哈罗德·德姆塞茨在其著作《公共物品的私人供给》中明确提出公共物品可以由私人市场提供。在他看来，只要重视产权，并且赋予各个利益相关方自由谈判的权利，就会降低交易成本并使外部性内部化。因此，外部性的克服使私人供给公共物品成为可能。

公共物品分类理论的发展进一步论证了市场供给的可能。根据萨缪尔森的主张，物品分为私人物品和公共物品，私人物品由市场供给，公共物品则由政府供给。但布坎南进一步研究发现，萨缪尔森所指的公共产品是“纯公共产品”，现实社会中，大多数物品是介于公共物品和私人物品之间的“准公共产品”或“混合商品”，因此他提出了“俱乐部物品”，即具有排他性而无竞争性的物品。对这类物品可用采用收费的方式排除部分消费者，可以通过市场机制供给。此外，还有一类具有竞争性而无排他性的准公共物品，人们称为“公共资源”，对于这类物品无法排除不付费者使用，无法像私人物品那样完全由市场供给，但政府可以通过利用市场机

① 世界银行编著：《变革世界中的政府——1997年世界发展报告》，蔡秋生等译，中国财政经济出版社1997年版，第4页。

② 现代社会组织可以划分为三大部门：第一部门即政府组织，第二部门即企业组织或营利性组织，第三部门或第三领域（the Third Sector）是指各种非政府非营利组织（Non-governmental、Non-profit Organizations），又称非国家非营利组织、民间组织（Civil Organizations）、市民社会组织（Civil Society Organizations）、独立部门（Independent Sector）。

制提高公共物品的供给效率。

与政府供给相比，市场供给具有某些方面的优势。在市场供给的情况下，消费者可以在不同企业之间进行选择，这会促使企业降低成本、改善服务、提高产品质量、丰富产品种类。通过竞争机制的引入，能够提高市场供给的效率，满足消费者需求的多样性，有利于资源的优化配置。因此，市场不但可以提供公共物品，而且在某些方面还具有一定的优势。目前，市场供给生态产品在许多国家已经得到广泛应用。

（三）第三部门供给的可能

第三部门是继政府和企业之后组织创新的一种重要形式，目前已经在世界各国得到了长足发展。

20 世纪 60 年代，公共经济学的创始者之一、诺贝尔经济学奖获得者埃利诺·奥斯特罗姆（Elinor Ostrom）在大量实证案例研究的基础上提出了自治组织理论（Self-government Theory），也即“多中心治理”（Polycentric Governance）理论，“从博弈的视角探讨了在理论上可能的政府与市场之外的自主治理公共池塘资源的可能性”①。她认为，人类社会中大量的公有池塘资源（the Common Pool Resources）问题②在事实上并不是依赖国家也不是通过市场来解决的，人类社会中的自治组织实际上是更为有效的管理公共事务的制度安排。自治组织的治理本质上是资源所在地的资源共同使用者对该资源的自治性管理，因此只能来源于资源共同使用者的集体行为，并且由于受公有池塘资源影响的社群人数并不多，他们也容易把自己组织起来，对公有池塘资源的占用和供给进行自主治理。奥斯特罗姆的理论“为面临公共选择悲剧的人们开辟了新的路径，为避免公共事务的退化、保护公共事务、可持续的利用公共事务从而增进人类的福利提供了自主治理的制度基础”③。当然，她并不认为自治组织治理就是“灵丹妙药”，她承认这样的制度安排也存在弱点，因此，针对公共事务

① ［美］埃利诺·奥斯特罗姆：《公共事物的治理之道——集体行动制度的演进》，余逊达、陈旭东译，上海三联书店 2000 年版，第 3 页。

② 在奥斯特罗姆的研究中，公有池塘资源主要涉及地下水资源、近海渔场、较小的牧场、灌溉系统、公共森林等。参见［美］埃利诺·奥斯特罗姆《公共事物的治理之道——集体行动制度的演进》，余逊达、陈旭东译，上海三联书店 2000 年版，第 48 页。

③ ［美］埃利诺·奥斯特罗姆：《公共事物的治理之道——集体行动制度的演进》，余逊达、陈旭东译，上海三联书店 2000 年版，第 1—2 页。

的治理，需要区分不同的问题分别进行制度安排。正如她指出的，针对公共资源问题，无论是“利维坦”还是私有化都不是唯一的解决方案，“许多成功的公共池塘资源制度，冲破了僵化的分类，成为‘有私有特征’制度和‘有公有特征’制度的混合”①。

面对纷繁复杂的生态产品，任何一种理论方法都不可以解决所有问题，“至善”的解决方案并不存在。被认为当前最有效的环境治理方式——多中心治理也有其不可克服的缺点。如果缺少其中必要的条件，多中心治理不但不能达到预期目标，还可能引发更多的问题。②

20 世纪 80 年代，随着“市场失灵”和“政府失灵”的加剧，经济学家开始对政府职能、市场作用进行反思，并借鉴公共治理等理论来设计第三部门对公共物品的供给。目前，公共产品供给模式的选择受到社会治理类型的制约，并形成了政府治理、市场治理、市民社会治理的历史发展轨迹，实现由政府单一中心的行政治理模式向政府、营利性组织和非营利性组织共同参与的多中心治理模式转变。③ 第三部门由于其具有志愿性、非营利性、非政府性和独立性等特征，在公共物品供给中具有如下优势：许多第三部门组织具有一定的草根性，易于和服务者进行密切的沟通和互动，也更能真实地反映民众的不同需求；第三部门在组织结构上也具有灵活性和回应性。

按照公共物品理论可以对生态产品进行不同的分类，从而实现生态产品供给主体的多元化。对于诸如生物多样性、生态系统完整性、清洁空气等具有纯公共物品特征的生态产品，其消费具有绝对的非排他特性和非竞争性，应当由政府供给；对于森林公园、风景园区等俱乐部生态产品，可以通过明晰产权、发展环保产业等方式来实现消费的可分割性，排除不付费者的“搭便车”现象，实现市场供给。此外，还有一部分具有准公共物品特征的生态产品，例如，公共草地、小区公共绿地等，可以通过第三部门供给。

---

① ［美］埃利诺·奥斯特罗姆：《公共事物的治理之道——集体行动制度的演进》，余逊达、陈旭东译，上海三联书店 2000 年版，第 31 页。

② 王兴伦：《多中心治理：一种新的公共管理理论》，《江苏行政学院学报》2005 年第 1 期。

③ 何继新、陈真真：《公共物品价值链供给治理内涵、生成效应及应对思路》，《吉首大学学报》（社会科学版）2016 年第 6 期。

二　生态产品的供给模式

生态产品是一种基本的社会福祉，提高生态产品供给能力是政府的基本职能，但这并不意味着政府要亲力亲为，包揽全部工作。政府管得多、管得广必然是管不全、管不好的，还容易导致政府非规范行为和公权力运行异化等现象。因此如何通过合理的制度安排使多元主体参与到生态产品的供给当中来，使政府能从繁杂的具体事务中解放出来从而专注于更核心的业务，是进一步优化政府行为的重要路径。

（一）生态产品政府直接供给模式

政府在生态产品供给中有两个方面的作用：首先是作为直接的生态产品供给者。根据美国萨克斯教授的环境公共财产理论，空气、阳光等人类生活所必需的环境要素是全人类的“公共财产”，也即经济学理论中的纯公共物品。纯生态产品具有消费上的非竞争性和非排他性，是环境公共利益的载体，因此，作为公共利益代表者的政府与国家是生态产品生产的当然主体。政府通过实施“蓝天保卫战”、生物多样性保护、湿地修复、荒漠化治理等方式维护良好的生态环境，增强生态产品的供给。很多生态产品具有不可分割性和难以量化性，例如，清洁的空气、丰富的生物多样性等，对于这类生态产品，市场和公众供给的积极性并不高，政府应该成为直接的供给主体。国家与政府进行生态产品生产具有资金、科技和人员等方面优势，但也存在决策失误、成本过高、效率低下等各种问题。

其次，有些公共物品只能由政府供给，市场无法提供，如法律制度等。因此，政府不仅作为生态产品的供给者，还应当是生态产品法律制度的供给者。生态产品具有明显的正外部性，生态产品产生的环境利益具有外溢性，政府应该出台各种鼓励生态产品生产的政策措施和制度保障，例如，确立“增益受偿”的基本原则和相关制度体系，为社会公众等主体参与生态产品供给提供制度激励。

（二）生态产品供给 PPP 模式

随着市场功能的不断完善和社会自治能力的增强，以及政府失效、市场失灵等客观现实的存在，学者们发现公共物品的供给不能依赖任何单一主体，各个主体间必须协同合作，以多中心供给方式提供，才能有效增强公共物品的供给能力。公共产品的供给可以采用 PPP 模式（Public-Private-Partnership），即公共部门与私人合作的模式。在该模式中，政府和私人通过“契约”的形式可以建立长期的伙伴合作关系，私人按照政府规定的标准进行公共物品的生产，政府根据私人所供给的公共物品质量进行付费，也即政府进行生态购买。

近年来，我国出台了鼓励社会资本参与国家基础设施建设的相关政策，PPP 模式成为地方政府与相关部门积极推动的重要项目。PPP 模式在我国已经涉及教育、公共交通、环境保护等多个领域。2018 年 6 月 16 日，中共中央、国务院印发了《关于全面加强生态环境保护 坚决打好污染防治攻坚战的意见》，要求采用直接投资、投资补助、运营补贴等方式，规范支持政府和社会资本合作项目，鼓励通过政府购买服务方式实施生态环境治理和保护。2022 年《重点海域综合治理攻坚战行动方案》明确规定：沿海地方可按规定统筹上级转移支付和自有财力，加大财政投入力度，强化攻坚行动的经费保障。鼓励并规范通过政府和社会资本合作、政府购买服务、环境污染第三方治理、生态环境导向的开发（EOD）模式等方式，吸引社会资本参与攻坚行动。

PPP 模式是政府优势和私人资本优势的综合体现，政府具有较强的协调能力和资源配置能力，私人具有较强的灵活性和高效性，通过 PPP 模式有利于提高生态产品供给能力。在 PPP 模式供给生态产品情况下，政府首先要转变自身角色，确定好自身职能定位。在 PPP 模式下，政府不是生态产品的直接生产者，而是生态产品生产者的服务者、合作者或管理者，其职能侧重于宏观地规划和指导，例如，制定合理的生态规划、区域规划、空间规划等。其次，政府要遵守契约规定，对于私人资本供给的生态产品，政府要按照契约约定给予资金回报或者支付相应的资金。最后，政府要积极拓宽生态产品的市场供给模式。对于生态产品，可以通过政府和私人企业之间的合作，采用生态产品供给项目外包、生态产品供给特许经营和政府购买生态产品的方式①予以实现。

（三）生态产品供给区域合作模式

生态产品不同于一般物品，其往往难以具有明显的界限性并以“面”状形态呈现，因此，某些生态产品具有跨区域性的特征。跨区域生态产品跨越了单个政府的管辖范围，其生产和供给涉及多个行政主体的参与。这种跨区生态产品的供给，无法由单个地方政府单独有效地解决，地方政府

---

① 李繁荣、戎爱萍：《生态产品供给的 PPP 模式研究》，《经济问题》2016 年第 12 期。

之间的合作是解决跨区生态产品供给的重要途径。[①] 因此，要依据国家生态环境保护法律，建立区域生态公共产品供给制度体系，明确生态公共产品供给的主体责任，制定生态产品价值评估标准，集中解决重点建设投资、生态补偿、生态保护中的资金供给问题，实现社会效益、经济效益和生态效益相统一。[②]

第二节 生态产品政府供给的实现

对于纯生态产品，应该主要依靠政府进行供给。政府借助于生态空间规划、生态红线、生态空间用途管制等方式，实现纯生态产品供给的保障。各地方政府应当根据不同情况，创新本地的生态产品生产方式；在PPP模式下，政府应当加深同其他社会主体的合作，弥补政府作为生态产品提供者在弹性方面的不足。

政府提供良好生态产品，可以由三种路径实现：创造、维系和改善。[③] 创造侧重于扩大生态产品的“增量”，如政府做好生态空间规划、实施退耕还林（还草）等措施；维系侧重于保持生态产品“存量”，如政府划定生态红线、建立自然保护区和国家公园等；改善则意味着生态产品质量的提升，如政府通过生态空间管控实施严格的保护措施等。

一 做好生态空间规划

生态空间是指具有自然属性、以提供生态产品或生态服务为主体功能的国土空间。作为一种自然存在，其具有生态功能主导、稀缺性、单维度转化和地域差异等自然属性。但我国生态空间被大量挤占、严重不足，生态空间被挤占成为一种区别于环境污染、生态破坏的新型环境问题。生态空间挤占趋势的加剧将进一步削弱生态产品和服务的供给能力，引发更深层的生态危机、对整个生态系统及人类生存安全构成威胁。因此，做好生

① 曾贤刚、虞慧怡、谢芳：《生态产品的概念、分类及其市场化供给机制》，《中国人口·资源与环境》2014年第7期。

② 陈静：《找准生态公共产品有效供给的着力点》，《人民日报》2013年11月6日第7版。

③ 张英、成杰民、王晓凤、鲁成秀、贺志鹏：《生态产品市场化实现路径及二元价格体系》，《中国人口·资源与环境》2016年第3期。

态空间规划、严格保护生态空间从源头上保障了生态产品的供给能力。

（一）生态空间挤占：环境风险产生的新途径

学者研究表明，污染累积、资源消耗和空间占用是区域开发生态风险的三种风险源。①

生态空间挤占是一个立体性、动态性概念，既包括空间上的侵占，也包括承载力的突破。空间上的侵占是指空间结构不合理的现象，即由于人们的开发利用行为，生态空间被动转变为城镇、农业空间，生态空间大量锐减。生态承载力的突破是指对生态空间的占用超过了生态空间的承载力，使生态系统失衡或生态功能丧失。如人类不合理的开发利用活动削弱了核心生态空间的生态调节、防护和屏障功能。②

生态空间挤占的形成不同于传统的环境污染和生态破坏。环境污染属于过度投入性损害，基于污染物累积排放而形成环境问题，即人类向环境排入污染物超过了环境消纳污染物的能力；生态破坏属于过度取出性损害，即人类从自然界索取能源、资源超过了自然的供给能力。生态空间挤占的形成不仅源于对生态空间的占用超过了生态空间的承载力，还基于“空间的互斥性”，即当某一空间被确定为生态空间，主要提供生态产品和生态服务时，无法作为其他空间类型进行使用，既不能成为农业空间提供农产品，也无法作为城镇空间进行开发利用。

对于生态空间保护的判断不再是从单一环境要素自身的自然规律出发，以是否遭受“污染”或“破坏”作为行为规制的判断标准，而是适用生态空间占用是否合理的标准③。生态空间占用（Ecological appropriation）或生态足（痕）迹（Ecological footprint）是衡量人类对自然资源利用程度以及持续发展状况的方法。④ 生态空间占用需考虑是否超过了生态空间的承载力、造成生态系统失衡，还要考虑生态空间是否被开发活动占用和干

---

① 任景明、李天威、黄沈发：《区域开发生态风险评价理论与方法研究》，中国环境出版社2013年版，第14页。

② 许尔琪、张红旗：《中国核心生态空间的现状、变化及其保护研究》，《资源科学》2015年第7期。

③ 刘超：《生态空间管制的环境法律表达》，《法学杂志》2014年第5期。

④ Ree，W. E.，“Ecological Footprints and Appropriated Carrying Capacity：What Urban Economics Leaves out”. 转引自谢高地、鲁春霞、成升魁、郑度《中国的生态空间占用研究》，《资源学科》2001年第6期，第20页。

扰，发生用地性质和功能的改变。

当然，上述差异性只是一种理论上的阐释，它并非意味着环境污染、生态破坏和生态空间挤占是割裂存在的。实践中，人类行为导致的污染、破坏常常具有鲜明的时空特征。由于环境污染等问题和经济社会要素具有空间上的耦合性，需要运用空间管理的思维和工具解决环境问题。[①] 空间管理，首先要做好空间规划。

（二）生态空间规划：破解挤占难题

2008 年实施的《全国生态功能区划》已经涉及国土空间划分问题。《全国生态功能区划》基于空间分异规律，[②] 将全国区域划分成具有不同生态功能的地区，以促进生态功能区域保护和生态系统服务功能的实现。《全国主体功能区规划》从优化国土空间的角度规划了基于不同功能的主体功能区。其中，关系全局生态安全区域的主体功能区以提供生态产品为主要功能，提供农产品和服务产品及工业品成为其从属功能。该区域涵盖了“限制开发区域”和“禁止开发区域”中的“重点生态功能区”。“重点生态功能区”把增强提供生态产品能力作为首要任务，该区域具有提供水源涵养、水土保持、防风固沙、生物多样性维护等多种生态功能。

“三生”空间（生产空间、生活空间和生态空间）概念缘起于党的十八大报告中提出的国土空间概念，其侧重从功能的角度构建国土空间开发的格局。2013 年 11 月 12 日《中共中央关于全面深化改革若干重大问题的决定》首次从中央政策层级重申了“三生”空间的概念，提出“划定生产、生活、生态空间开发管制界限，落实用途管制”的要求。《中共中央、国务院关于加快推进生态文明建设的意见》又提出了扩增生态空间（“保护和扩大绿地、水域、湿地等生态空间”）和对水流、森林、山岭、草原、荒地、滩涂等自然生态空间进行确权登记等基本要求。中共中央办公厅、国务院办公厅印发的《省级空间规划试点方案》基于三生空间划分的需要提出了“三区三线”的要求，即划定城镇、农业、生态空间以及生态保护红线、永久基本农田、城镇开发边界。上述文件中使用了自然生态空间、生态空间等相关概念，但缺乏明确界定。

明确阐释生态空间定义的是《生态红线意见》，意见指出，生态空间

① 秋缬滢：《空间管控：环境管理的新视角》，《环境保护》2016 年第 15 期。

② 如区域生态系统格局、生态系统服务功能等。

是指具有自然属性、以提供生态服务或生态产品为主体功能的国土空间，其涵盖的范围非常广泛，包括森林、草原、湿地、河流、湖泊、滩涂、岸线、海洋、荒地、荒漠、戈壁、冰川、高山冻原、无居民海岛等。此后，《用途管制办法》使用了自然生态空间概念，其含义和《生态红线意见》中的生态空间概念完全一致。[①]

生态空间挤占的出现往往伴随着粗放的发展模式和相互冲突的空间规划，打破规划冲突、完善发展模式，需要以统一的国土空间规划为基础，加强生态空间管控，促进以生产空间为主导的国土开发方式向生产、生活、生态空间协调的开发方式转变。

生态空间规划是国土空间规划的重要组成部分。国土空间规划对国土空间开发保护进行顶层设计，涉及农业空间、城镇空间和生态空间的总体布局，具有战略引领和指导约束作用。国土空间规划基于资源环境承载能力和国土空间开发适宜性的"双评价"制定，通过"三区三线"确定空间管控的边界，为生态红线落地和用途管制提供基础，是可持续发展的空间蓝图。因此，生态空间管控应当嵌入国土空间规划和治理中。

生态空间规划能够满足公众对环境风险规制的制度需求。公众期望通过生态环境预防性救济体系建构来满足个体利益以及公共利益保护，这种制度需求不仅包括公众对良好、健康生态环境的追求，也涉及生态环境空间规划、环境开发、公共管理等公共池的利益需求。[②] 作为空间用途的源头安排，生态空间规划应具有预判和抵御环境风险的内在目标。它以生态保护和修复为核心内容，通过把造成环境风险的产业限制在生态空间之外，符合"风险防范"原则和环境保护制度的预防性要求。

生态空间规划的背后是权利的分配和利益的衡量。学者指出，国土空间规划本质上是"空间权的分配与再分配"，需要处理好自然资源产权、发展权和管制权之间的关系。[③] 生态空间规划需要按照国土空间规划的统一要求，打破部门利益倾向，协调好经济利益和生态利益、中央利益

① 即自然生态空间是指为具有自然属性、以提供生态产品或生态服务为主导功能的国土空间，涵盖需要保护和合理利用的森林、草原、湿地、河流、湖泊、滩涂、岸线、海洋、荒地、荒漠、戈壁、冰川、高山冻原、无居民海岛等。

② 曹明德、马腾：《我国生态环境民事预防性救济体系的建构》，《政法论丛》2021 年第 2 期。

③ 黄贤金：《自然资源产权改革与国土空间治理创新》，《城市规划学刊》2021 年第 2 期。

和地方利益、公共利益和私人利益之间的关系，实现保障生态安全的目标。

二　完善生态红线制度

生态红线[①]是我国继耕地红线（2007）、水资源红线（2012）之后提出的另一条环境资源管理底线。生态红线不是针对某一生态要素，而是强调对资源的整体性空间保护。[②] 划定生态红线、严格保护重要生态空间、进行生态空间用途管控是保障生态产品供给的重要措施。

《生态红线意见》要求2020年年底前，全面完成全国生态保护红线的划定，勘界定标，基本建立生态保护红线制度。根据《生态红线意见》规定，生态保护红线划定的是生态空间范围内具有特殊重要生态功能、必须强制性严格保护的区域，是保障和维护国家生态安全的底线和生命线，包括具有重要水源涵养、生物多样性维护、水土保持、防风固沙、海岸生态稳定等功能的生态功能重要区域，以及水土流失、土地沙化、石漠化、盐渍化等生态环境敏感脆弱区域。划定并严守生态保护红线，是贯彻落实主体功能区制度、实施生态空间用途管制的重要举措，是提高生态产品供给能力和生态系统服务功能、构建国家生态安全格局的有效手段，是健全生态文明制度体系、推动绿色发展的有力保障。

生态红线的落实是增强政府生态产品供给能力的重要保障，但是，作为“新生事物”的生态红线制度仍需要从以下几个方面加以完善。首先，明确红线范围。《全国主体功能区规划》《全国生态功能区划》均属于宏观尺度的国土划分，在精细度上尚不足以进行实际操作；为确保红线能真正“落地”，应以目前法定的生态保护区域为基础，以相关技术手段为参考，共同确定生态功能红线的范围。[③] 其次，构建红线区域的生态补偿制度。红线的划定某种程度上意味着发展的“限制”，其在本质上属于土地

---

① 生态红线有广义和狭义之分，广义的生态红线包括生态功能红线、环境质量红线和资源利用红线三种类型。参见陈海嵩《“生态红线”制度体系建设的路线图》，《中国人口·资源与环境》2015年第9期。本书主要是从划分生态功能区、供给生态产品的角度使用这一概念，因此，意指狭义的生态红线，即生态功能红线，也称为生态保护红线。

② 莫张勤：《生态保护红线法律责任的实践样态与未来走向》，《中国人口·资源与环境》2018年第11期。

③ 陈海嵩：《“生态红线”的规范效力与法治化路径》，《现代法学》2014年第4期。

用途管制下的行政补偿，[①] 地方政府应该成为行政补偿主体。再次，发挥红线区域社会公众参与作用。应该改变传统的“封闭式管理”方式，充分尊重当地居民合理的利益诉求，通过社区共管等方法，将自然保护区域当地居民纳入管理过程中，协调社区发展与自然保护之间的利益冲突。[②] 最后，落实地方党委和政府责任。地方各级党委和政府是严守生态保护红线的责任主体，将生态保护红线作为相关综合决策的重要依据和前提条件，这样就能在党委和政府的统一领导下，按照各部门的职责分工，做好监管与协调。[③]

（一）健全生态红线的配套法规和制度

生态红线既要串联起环境要素和区域空间，也要实现与空间规划、用途管制等各项制度的融合。由于《环境保护法》《海洋环境保护法》仅有划定生态红线的原则性规定，对于红线性质、地位、保障、越线责任等问题语焉不详，现实中突破红线、变更红线等问题时常出现，如有的建设项目穿越了生态红线区，使生态空间屡被占用。上述问题的解决有待法律法规对生态红线进一步规范，以严格的法律制度保障生态红线的“落地”。生态红线范围需要进一步明确。目前的《全国主体功能区规划》《全国生态功能区划》均属于宏观尺度的国土划分，在精细度上尚不足以进行实际操作；为确保红线能真正“落地”，应以目前法定的生态保护区域为基础，以相关技术手段为参考，共同确定生态功能红线的范围。[④] 对于生态红线的性质、生态红线制度的地位、红线区进入的一般要求等内容进行明确规定；[⑤] 完善生态保护红线区域准入负面清单制度，规范划定修改与退出、监测与监管、越线追责等制度；[⑥] 完善适应生态文明建设需求的经济

---

① 任世丹：《重点生态功能区生态补偿正当性理论新探》，《中国地质大学学报》（社会科学版）2014 年第 1 期。

② 陈海嵩：《“生态红线”制度体系建设的路线图》，《中国人口·资源与环境》2015 年第 9 期。

③ 吴舜泽、万军、王成新：《划定并严守生态保护红线，永久维护生态产品的基本土壤》，《环境保护》2017 年第 7 期。

④ 陈海嵩：《“生态红线”的规范效力与法治化路径》，《现代法学》2014 年第 4 期。

⑤ 徐祥民、贺蓉：《最低限度环境利益与生态红线制度的完善》，《学习与探索》2019 年第 3 期。

⑥ 秦天宝、张庆川：《以法律坚守“美丽中国”底线——论环境法视域下生态保护红线如何落地》，《环境保护》2014 年第 19 期。

社会发展政绩考核评价指标体系和政府环境责任量化考核制度等。只有生态红线“守得住”，重要生态空间才能免遭挤占。

（二）解决“保护优先”与农户生存发展的冲突问题

根据《环境保护法》和《生态红线意见》规定，生态红线区域主要包括两种：生态功能重要区域和生态环境敏感区、脆弱区域。① 生态红线区域内不但生态系统较为脆弱，经济基础往往也较为薄弱，这些区域薄弱的经济基础使其发展尤其倚重自然资源，区域内经济发展和环境保护的冲突比其他区域更加明显。由于对红线区域实行严格保护，一旦划为红线区域，意味着实业项目不能实施、旅游发展不能进行，农户的发展受到一定影响，红线区域外则可以开展这些活动。因此，红线落地秉持的“保护优先”原则使农户的生存发展受到一定程度上的挤压，需要借助于生态补偿机制、利益共享机制对生态保护区域的管理模式和保障机制进行系统性完善。② 红线区域生态补偿在本质上属于土地用途管制下的行政补偿，③ 地方政府应该成为补偿的主体。对于区域内居民，可采取生态移民、易地扶贫搬迁等方式将其搬出，并通过职业技能培训、定向招聘、劳务输出、产业转移、整合资源等方式解决后续的发展问题。④ 此外，还需要积极探索建立市场化补偿机制，如福建省把划入生态空间内禁止采伐的商品林，通过赎买、租赁、置换、改造提升、入股、合作经营等多种方式调整为生态公益林，有效破解了生态保护与林农利益之间的矛盾。⑤

（三）生态补偿实施过程中需要注意红线区域内外的差别化

红线区域是生态功能的底线，一旦划定将实行严格的保护措施。《用

---

① 《环境保护法》第 29 条规定：国家在重点生态功能区、生态环境敏感区和脆弱区等区域划定生态保护红线，实行严格保护。

② 陈海嵩：《“生态红线”制度体系建设的路线图》，《中国人口·资源与环境》2015 年第 9 期。

③ 任世丹：《重点生态功能区生态补偿正当性理论新探》，《中国地质大学学报》（社会科学版）2014 年第 1 期。

④ 吴中全、王志章：《基于治理视角的生态保护红线、生态补偿与农户生计困境》，《重庆大学学报》（社会科学版）2020 年第 5 期。

⑤ 邓红蒂、袁弘、祁帆：《基于自然生态空间用途管制实践的国土空间用途管制思考》，《城市规划学刊》2020 年第 1 期。

途管制办法》规定，红线区域内原则上按禁止开发的要求管理，区域外原则上按限制开发的要求管理。生态红线一旦划定必然会影响到区域内农户的切身利益，科学、合理的生态补偿机制对于上述问题的解决具有重要意义。但生态红线区域生态补偿实施效果并不理想，实践中存在红线区域内补偿不到位、补偿偏少等问题。基于此，需要注意区域内外生态补偿的区别，进一步明确区域内外补偿的范围：（1）禁止开发区域内生态补偿的范围需要进一步扩大，包括区域内居民、企业的经济损失、搬迁等费用，地方政府财政收入、生态保护建设项目及公共基础服务能力建设等都应该进行补偿。（2）限制开发区域内的生态保护建设项目，企业、居民因发展受限受到的损失、环境保护设施建设运营等给予一定比例的配套补偿。①

生态红线制度体现了对生态系统的整体性保护和对环境风险的源头把控，在维护生态安全、提供生态产品和生态系统服务方面发挥了重要作用。在严守生态红线的基础上，还需要以生态红线为界限，对生态空间用途实施分区管制。

三　加强生态空间管控

我国环境治理经历了“末端治理”到“预防损害”再到“预防风险”的发展历程，以往源头预防的相关制度，侧重于对具体行为和污染物进行管理，近年来开始借助国土空间规划探索空间管控。

在风险社会里，环境法并非要根除产生环境风险的行为，而是调适可能引起不合理、不可预防的危险的风险行为，并尽量公正地分配环境风险。② 我国基于不同区域的资源环境承载能力、开发强度和发展潜力把国土空间划分为城镇、农业和生态空间。生态空间管控通过产业准入负面清单、生态红线、用途管制等制度，禁止或者限制社会经济主体在重要生态功能区、环境敏感区、脆弱区的开发利用活动，既符合自然生态规律和区域承载力，又能从源头防范环境风险和环境问题。例如，根据产业准入负面清单制度的要求，重点生态功能区内禁止类产业不再新增并逐步建立退出机制、限制类产业的进入门槛也相应提高。这种以行业限制、区域限制

① 高吉喜：《探索我国生态保护红线划定与监管》，《生物多样性》2015 年第 6 期。

② 杜辉：《环境公共治理与环境法的更新》，中国社会科学出版社 2018 年版，第 3 页。

的方式把开发、建设等行为阻挡在生态空间之外，对于生态产品供给更能发挥源头保障的效果。

（一）生态空间管控的方式：政策[①]与法律协同共治

生态空间管控既要梳理已有的政策体系，从中窥见政策应对的历史脉络并持续发挥其导向功能；也要发挥法律的刚性、稳定和强制作用，使两者在各自的界限范围内协同互补，形成制度功能的“共治”效果。[②]

政策因其阶段性、灵活性、及时性等天然优势，成为我国生态空间管控的主要制度工具。我国早期国家政策中并没有生态空间，而是使用与之具有密切联系的生态用地概念。梳理国家相关政策（见表4-1）可以发现，我国从初期的生态用地管控发展为生态空间管控，目前又将生态空间管控嵌入更加宏大的国土空间规划中，体现出从“部分”到“整体”、从“平面”到“立体”、从“要素”到“区域”再到“系统”的认识过程。

表4-1　国家政策中生态空间的概念使用与管控措施

发布时间	发布主体	名称	性质	相关概念与范围	主要的保护与管控措施
2000年	国务院	《全国生态环境保护纲要》	国务院规范性文件	国家政策中首次使用生态用地概念，突出生态功能性	1. 实施土地用途管制制度 2. 冻结征用具有重要生态功能的草地、林地、湿地 3. 实行“占一补一”制度
2008年	国务院	《全国土地利用总体规划纲要（2006—2020）》	国务院规范性文件	明确生态用地的地位和范围，规定统筹安排生活、生态和生产用地	1. 严格保护基础性生态用地 2. 严格生态用地用途管制 3. 优先保护自然生态空间

① 本书中的政策是一个相对广义的概念，涵盖了党的政策、国家政策、行政规范性文件、部门规章等。

② 郭武：《论迈向制序的环境保护制度工具体系之建构》，《中国地质大学学报》（社会科学版）2018年第3期。

续表

发布时间	发布主体	名称	性质	相关概念与范围	主要的保护与管控措施
2010 年	国务院	《全国主体功能区规划》	国务院规范性文件	在国土空间结构中规定生态空间包括绿色生态空间和其他生态空间，并明确其范围	1. 根据资源环境承载能力，按照生产发展、生活富裕、生态良好的要求调整空间结构 2. 实行基本草原保护制度 3. 保护并扩大绿色生态空间
2013 年	中共中央	《中共中央关于全面深化改革若干重大问题的决定》	党的政策	从中央政策层面重申“三生空间”（生产、生活和生态空间），综合使用国土空间、自然生态空间、生态空间等概念	1. 划定生产、生活、生态空间开发管制界限，落实用途管制 2. 对自然生态空间进行统一确权登记 3. 逐步将资源税扩展到占用各种自然生态空间
2014 年	国家发展和改革委员会	《国家发展和改革委员会关于“十三五”市县经济社会发展规划改革创新的指导意见》	部门工作文件	明确城镇空间、农业空间、生态空间范围	1. 根据不同主体功能定位要求，合理确定三类空间的适度规模和比例结构 2. 对禁止开发区域划定生态保护红线，实施强制保护 3. 加强生态空间的保护和修复，提升生态产品服务功能
2015 年	中共中央、国务院	《生态文明体制改革总体方案》	党的政策	树立空间均衡的理念，确立生态文明体制改革的“四梁八柱”，划定“三生空间”	1. 对所有自然生态空间统一进行确权登记 2. 将用途管制扩大到所有自然生态空间，划定并严守生态红线 3. 将资源税征收范围扩展到占用各种自然生态空间 4. 推进市县“多规合一”
2015 年	环境保护部、中国科学院	《全国生态功能区划》（修编版）	部门规范性文件	依据生态功能区划，优化国土开发格局，划定生态空间	1. 提出全国生态功能区划方案 2. 全面贯彻“统筹兼顾、分类指导”和综合生态系统管理思想，改变按要素管理生态系统的传统模式

续表

发布时间	发布主体	名称	性质	相关概念与范围	主要的保护与管控措施
2016年	环境保护部	《环境保护部办公厅关于规划环境影响评价加强空间管制、总量管控和环境准入的指导意见（试行）》	部门工作文件	规定生态空间范围	1. 加强空间管制，推进构建有利于环境保护的国土空间开发格局 2. “三生”空间发生冲突时，按照“优先保障生态空间，合理安排生活空间，集约利用生产空间”的原则，保障生态空间性质不转换、面积不减少、功能不降低
2017年	中共中央、国务院	《省级空间规划试点方案》	党的政策	国家政策中首次明确“三区三线”划分，即以主体功能区规划为基础，划定城镇、农业、生态空间以及生态保护红线、永久基本农田、城镇开发边界	1. 以“三区三线”为载体，合理整合协调各部门空间管控手段，绘制形成空间规划底图 2. 按照严格保护、宁多勿少原则科学划定生态保护红线，最大限度保护生态安全、构建生态屏障、划定生态空间
2017年	中共中央、国务院	《关于划定并严守生态保护红线的若干意见》	党的政策	明确生态空间、生态红线概念和范围	划定、严守生态保护红线，实现一条红线管控重要生态空间
2017年	国土资源部	《自然生态空间用途管制办法（试行）》	部门规范性文件	自然生态空间概念、范围与生态空间完全一致	1. 生态空间布局与用途确定 2. 实施生态空间用途管控 3. 增强对生态空间的维护修复 4. 实施确权登记、协议管护、生态补偿等保障措施
2018年	中共中央、国务院	《中共中央、国务院关于统一规划体系更好发挥国家发展规划战略导向作用的意见》	党的政策	以“三区三线”为载体统筹协调各类空间管控手段，整合形成“多规合一”的空间规划	1. 空间规划须依据国家发展规划编制 2. 强化空间规划的基础作用

续表

发布时间	发布主体	名称	性质	相关概念与范围	主要的保护与管控措施
2019 年	中共中央、国务院	《中共中央、国务院关于建立国土空间规划体系并监督实施的若干意见》	党的政策	确立“生产空间集约高效、生活空间宜居适度、生态空间山清水秀”的国土空间格局目标，突出国土空间规划的重要意义	1. 将多种空间规划融合为国土空间规划，实现“多规合一” 2. 对所有国土空间分区分类实施用途管制，对城镇开发边界内、外的建设分别确立管制方式 3. 研究制定国土空间开发保护法，加快国土空间规划相关法律法规建设
2019 年	中共中央、国务院	《关于在国土空间规划中统筹划定落实三条控制线的指导意见》	党的政策	界定三条控制线范围，确立“底线思维、保护优先”的基本原则	1. 以资源环境承载能力和国土空间开发适宜性评价为基础，科学有序统筹布局生态、农业、城镇等功能空间 2. 确立三条控制线出现矛盾时的解决办法
2020 年	自然资源部	《自然资源部办公厅关于加强国土空间规划监督管理的通知》	部门规范性文件	重申“多规合一”的重要意义、明确监管措施	1. 建立健全国土空间规划“编”“审”分离机制 2. 国土空间规划确定的约束性指标不得突破

伴随着环境政策的推行，我国生态空间概念日益明确、管控措施逐步丰富。但政策因其“灵活有余、刚性不足”等特点而在使用中出现诸多偏差：（1）概念不清。目前政策中存在生态空间、自然生态空间、绿色生态空间、其他生态空间等相关概念，界定不够明晰且交叉使用。（2）范围混乱。在生态空间范围上，政策之间存在交叉、衔接不畅。如《全国主体功能区规划》《生态红线意见》《用途管制办法》规定的生态空间外延并非完全一致、存在交叉。[①]（3）边界不明。我国生态空间主要

① 与《全国主体功能区规划》相比，《生态红线意见》《用途管制办法》明确把滩涂、岸线、海洋、戈壁、冰川、高山冻原、无居民海岛等纳入生态空间范围。

在两种语境下使用，一是“三生空间”中的生态空间，二是“三区三线”意义上的生态空间，由于两者的划分标准不一致导致空间边界尚未厘清。这些问题映射到地方实践中，易导致地方生态空间管控的混乱，有的地方（如贵州）把农田作为生态空间，有的地方（如江西）没有把农田纳入生态空间。[①]

（二）法律回应：生态空间管控的应然面向

我国环境治理的历史经验表明，环境问题的解决一方面借助于灵活、机动的环境政策，另一方面需要把效果显著的政策、措施上升为稳定、刚性的法律制度。我国很多法律制度，如环境保护税（即原来的排污费）、“三同时”等都是经政策实施后被法律确认的。目前，环境法律与环境政策之间互助共济的格局成为我国环境保护工作的重要制度特征，[②] 法律和政策都是保护生态空间所依赖的正式制度渊源，“需要综合发挥两者的作用”[③]。因此，生态空间管控在发挥国家政策优势的基础上，还应探索“入法”途径，实现政策和法律的协同共治。

目前我国环境法律中鲜见关于生态空间保护和管控的直接规定。传统环境立法以环境要素作为主要保护对象，污染防治法和资源保护法呈现出“要素立法”的色彩。例如，围绕大气、水、土壤等不同的环境要素，形成了包括《大气污染防治法》《水污染防治法》《土壤污染防治法》等在内的污染防治法律体系；围绕森林、草原、矿产等环境要素，形成了包括《森林法》《草原法》《矿产资源法》等在内的自然资源保护法律体系。

在“要素立法”模式下，我国环境保护单行法的主要目的都是围绕某一特定环境要素进行制度设计，缺乏对各要素之间整体性、系统性的关照，没有把生态空间作为环境法的保护对象，也缺乏具体系统的管控制度体系。目前实施的自然资源用途管制侧重某一资源类型，“无法从自然空

---

① 黄征学、吴九兴：《国土空间用途管制政策实施的难点及建议》，《规划师》2020 年第 11 期。

② 郭武：《论迈向制序的环境保护制度工具体系之建构》，《中国地质大学学报》（社会科学版）2018 年第 3 期。

③ 陈海嵩：《中国生态文明法治转型中的政策与法律关系》，《吉林大学社会科学学报》2020 年第 2 期。

间的整体性保护来有效实施自然资源的用途管制"[①]，效果堪忧。生态空间管控呈现出明显的"政策性强、法制薄弱"的特点，"为克服空间政策的零散性及变化性，将其归入法律体系统筹考量，并以此将某些关键空间政策升格为法律应是一种较好的解决方案"[②]。法律具有普适性、强制性、稳定性等特点，把生态空间确定为法律保护对象并构建相关法律制度能够实现生态空间管控措施的稳定性、具体化和可操作性，对保护生态空间、保障生态产品供给提供刚性支持。

（三）生态空间用途管制

生态空间具有提供生态产品和生态服务的主体功能性，用途管制的强制性规则可以防止生态空间转变为城镇空间和农业空间。在吸收地方经验的同时，还需解决生态空间用途管制的方式与限度、管制中的权利（力）分配和利益平衡、准入和转用规则、绩效评估等问题。

1. 明确用途管制的合理限度

生态空间以提供生态产品或生态服务为主导功能，存量空间调整背后是空间权属的再分配与资源价值的再提升，[③] 因此，用途管制中存在公权力与私权利、公益与私益、中央政府与地方政府利益冲突的问题。政府需要按照行政比例、公私协调的基本原则，以生态空间的公益属性为基础，以利益平衡为手段，明确中央政府和地方各级政府之间的合理分工；在平衡环境公共利益和私人利益的基础上，政府要恪守权力边界，确定生态空间用途管制的合理限度。

2. 规范用途管制的规则类型

用途管制需要根据生态空间生态功能和环境敏感性不同进行分区管控。以生态空间规划为依托，以生态空间用途登记为前提，以"用途不变""用途可变"为标准，以生态红线为分界点，把生态空间分为重要生态空间和一般生态空间，不同区域实行差异化的项目准入规则和用途转用规则。（1）项目准入规则。重要生态空间实行正面清单制度，只能开展

① 施志源：《自然资源用途的整体性管制及其制度设计》，《中国特色社会主义研究》2017年第1期。

② 王志鑫：《自然生态空间用途管制的法律制度应对》，《中国土地科学》2020年第3期。

③ 王朝宇、朱国鸣、相阵迎、梁家健：《从增量扩张到存量调整的国土空间规划模式转变研究——基于珠三角高强度开发地区的实践探索》，《中国土地科学》2021年第2期。

维护、修复和提升生态功能的活动，生产、生活类项目应当有序退出。地方实践中，福建省武夷山市建立了产业项目准入正面清单49项，只允许符合生态功能的基础性、公益性建设项目进入重要生态空间；[①] 浙江省安吉县允许林木育种和育苗、林产品采集等行为在重点生态空间内进行。一般生态空间实行负面清单制度，对于允许、限制、禁止的产业和项目类型进行明确规定。（2）用途转用规则。重要生态空间按照禁止建设区管理，一般生态空间按限制建设区管理。严禁重要生态空间违法转为城镇空间和农业空间，明确重要生态空间转为一般生态空间的基本条件和程序。

3. 完善用途管制的绩效评估

绩效评估是检测管制效果的重要内容，也是检验顶层制度设计能否“落地生效”的关键环节。需要结合试点效果，借助生态空间质量监测评估、环境资源承载力评价指标体系、环境标准、领导干部绩效考核等制度构建生态空间用途管制的绩效评估机制。对于重要生态空间，应以生态保护红线监测评估结果为依据，建立以生态功能保护成效为导向的奖励激励机制。[②]

第三节　重点生态功能区建设中的政府责任

《“十三五”生态环境保护规划》确立了“提高生态环境质量”的核心目标，并规定了“加大保护力度，强化生态修复”等重要措施，与以往以环境污染治理为主的环境规划呈现出明显的差异。“十三五”时期的生态环境工作突出了“保护”和“修复”两个方面，其核心内容包括两个方面：保护和改善生态环境资源存量、扩大和提升生态环境资源增量。按照生态环境质量也是一种公共物品的基本逻辑，无论是保持生态环境存量还是扩大生态环境增量，其都无异于是对生态产品提供的增强。

重点生态功能区的首要任务和主要功能是提供生态产品，是基于维护我国生态安全格局进行的空间规划，其主要是在政府主导下开展建设和保

① 王江江：《武夷山已开始试点自然生态空间用途管制》，2018年3月21日，武夷山新闻网（http：//www. wysxww. com/2018-03/21/content_335099. htm）。

② 高吉喜、鞠昌华、邹长新：《构建严格的生态保护红线管控制度体系》，《中国环境管理》2017年第1期。

护工作，因此，探讨重点生态功能区建设中的政府责任成为分析生态产品政府责任的重要内容。尤其是地方政府，对于重点生态功能区产业准入负面清单制度的实施、生态补偿制度的完善都具有不可推卸的责任。

一　重点生态功能区的分类与范围

重点生态功能区是维护我国生态安全、基于“空间协调与平衡”思想[①]而进行的空间规划和建设。《中华人民共和国国民经济和社会发展第十一个五年规划纲要》（以下简称《“十一五”规划纲要》）第一次提出了优化国土空间开发结构的设想。[②] 在国家环境政策中，作为生态产品重要供给体的重点生态功能区最早见于原环境保护部出台的《国家重点生态功能区保护和建设规划编制技术导则》（2010）中。《全国主体功能区规划》按照开发方式的不同，把国土空间划分为优化开发区域、重点开发区域、限制开发区域和禁止开发区域。按照提供主体产品类型的不同，将我国国土空间分为城市化地区、农产品主产区和重点生态功能区。其中，重点生态功能区涵盖了“限制开发区域”[③] 和“禁止开发区域”[④] 两个区域，其首要任务和主要功能是提供生态产品，同时，也具有提供一定农产品、服务产品和工业品的功能。因此，“重点生态功能区”是指“对国家和地区生态安全十分重要、以提供生态产品和服务为主体功能的区域，包括限制开发的重点生态功能区和禁止开发的重点生态功能区”。

在主体功能区战略框架下，我国整体生态环境被视为“公地”，为了保护并改善“公地”状况，各主体功能区分工协作，调整或管制现有的环境资源开发利用方式，避免发生“公地的悲剧”。

① 原国家计委于2000年就在有关规划体制改革的意见中首次提出规划编制的“空间协调与平衡”思想，要求政府在制定规划时，必须考虑将产业分布与空间、人、资源与环境相协调。转引自汪劲《环境法学》（第三版），北京大学出版社2014年版，第133页。

② 《“十一五”规划纲要》将国土空间划分为优化开发、重点开发、限制开发和禁止开发四类主体功能区，形成合理的空间开发结构。

③ 《全国主体功能区规划》规定：国家层面限制开发的重点生态功能区是指生态系统十分重要，关系全国或较大范围区域的生态安全，目前生态系统有所退化，需要在国土空间开发中限制进行大规模高强度工业化城镇化开发，以保持并提高生态产品供给能力的区域。

④ 《全国主体功能区规划》规定：国家禁止开发区域是指有代表性的自然生态系统、珍稀濒危野生动植物物种的天然集中分布地、有特殊价值的自然遗迹所在地和文化遗址等，需要在国土空间开发中禁止进行工业化城镇化开发的重点生态功能区。

自《全国主体功能区规划》确定首批国家重点生态功能区以来，我国重点生态功能区范围不断扩大。根据《全国主体功能区规划》，国家首批确定的重点生态功能区包括大小兴安岭森林生态功能区等25个地区，涵盖436个县级行政区，总面积约386万平方公里，占全国陆地国土面积的40.2%。2016年，《国务院关于同意新增部分县（市、区、旗）纳入国家重点生态功能区的批复》（国函〔2016〕161号）发布后，240个县（市、区、旗）及87个重点国有林区林业局新增纳入国家重点生态功能区。国家重点生态功能区的县市区数量为676个，占国土面积的比例达到53%。[①] 从国家重点生态功能区分布情况看，其具有跨越范围大、人口密度小等特征。

各省还划分出省级层面的重点生态功能区，如湖北分为“国家层面重点生态功能区”和“省级层面重点生态功能区”。有的省份在表述上没有采用“重点生态功能区”这一提法，如北京称为“生态涵养发展区”、上海称为“综合生态发展区”等。因此，从术语的准确性角度出发，如果没有特别说明，本书视域内的“重点生态功能区”是指国家重点生态功能区。

二　重点生态功能区产业准入负面清单实施中的政府责任

（一）重点生态功能区产业准入负面清单制度的建立

重点生态功能区在保护和改善生态环境、保障生态安全、供给生态产品方面具有重要意义，但是，重点生态功能区往往处于经济社会发展水平较低的地区，这些区域开发资源、发展经济的冲动较为强烈，使重点生态功能区建设过程中面临着生态保护和发展经济的双重压力。由于重点生态功能区的主要任务是供给生态产品、维护生态安全，因此，在生态保护和发展经济的双重压力中其应该向生态保护倾斜，这就需要对重点生态功能区的某些产业发展进行限制，因此，实施产业准入负面清单制度显得尤为重要。

重点生态功能区的产业管理需要明确的制度保障，国家先后出台了一系列关于重点生态功能区的政策规定。例如，国家发展改革委、原环保

① 肖金成、刘通：《把牢生态环境保护的第一道关口——〈重点生态功能区产业准入负面清单编制实施办法〉解读》，《环境保护》2017年第4期。

部、财政部等部委先后发布了《国家重点生态功能区转移支付办法》《国家重点生态功能区区域生态环境质量考核办法》《关于加强国家重点生态功能区环境保护和管理的意见》《关于加强国家重点生态功能区产业准入研究与管理工作的通知》《关于建立国家重点生态功能区产业准入负面清单制度的通知》《关于贯彻实施国家主体功能区环境政策的若干意见》等重要文件，对重点生态功能区财政转移政策、环境保护政策、生态环境质量考核等方面提出了具体的要求，为负面清单制度工作的开展奠定了基础。① 在此基础上，2016 年 10 月，国家发展改革委印发了《重点生态功能区产业准入负面清单编制实施办法》（以下简称为《负面清单实施办法》），规定了重点生态功能区产业准入负面清单编制的基本原则、实施程序、规范要求等内容。截至 2022 年 3 月，浙江、广东、福建、甘肃、四川、内蒙古等省份按照国家要求，划定了本省份的国家重点生态功能区产业准入负面清单，具体见表 4-2。

表 4-2　各省国家重点生态功能区产业准入负面清单政策制定情况

序号	省份	名称	发布日期
1	浙江	《浙江省国家重点生态功能区产业准入负面清单》（2020 年版）	2020 年 10 月 9 日
2	湖北	《湖北省第一批国家重点生态功能区产业准入负面清单（试行）》	2017 年 11 月 9 日
3	内蒙古	《内蒙古自治区国家重点生态功能区产业准入负面清单（试行）》	2018 年 3 月 12 日
4	福建	《福建省第一批国家重点生态功能区县（市）产业准入负面清单（试行）》	2018 年 3 月 16 日
5	湖南	《湖南省国家重点生态功能区产业准入负面清单（试行）》	2017 年 3 月 7 日
6	广东	《广东省国家重点生态功能区产业准入负面清单（试行）》	2017 年 5 月 9 日
7	江西	《江西省第一批国家重点生态功能区产业准入负面清单》	2017 年 4 月 26 日
8	四川	《四川省国家重点生态功能区产业准入负面清单（第一批）（试行）》	2017 年 8 月 8 日

① 邱倩、江河：《重点生态功能区产业准入负面清单工作中的问题分析与完善建议》，《环境保护》2017 年第 10 期。

续表

序号	省份	名称	发布日期
9	甘肃	《甘肃省国家重点生态功能区产业准入负面清单（试行）》	2017 年 8 月 22 日
10	新疆	《新疆维吾尔自治区 28 个国家重点生态功能区县（市）产业准入负面清单（试行）》	2017 年 6 月 29 日

作为一种准入型的管理制度，重点生态功能区负面清单制度（以下简称为“负面清单制度”）是以不同重点生态功能区的资源环境承载能力为基础，以尊重自然、顺应自然为准则，以增强生态产品供给能力和可持续发展能力为目标，坚持适度开发、集约开发、协调开发的空间利用方针，以列表形式明确规定禁止准入和限制准入的产业名录，并依照清单对区域产业进行规划管理，防止各种不合理的开发建设活动导致生态功能发生退化，推进区域空间合理有序利用的战略机制。① 该制度是在尊重自然规律的基础上，对某些产业发展做出的限制性规定，其着眼于重点生态功能区所在区域的整体发展和长远发展，主要解决重点生态功能区所在地区面临的经济发展和生态保护之间的难题，为促进生态产品供给提供保障。

（二）重点生态功能区产业准入负面清单制度中的政府职责分配

《负面清单实施办法》规定了“县市制定、省级统筹、国家衔接”的工作机制，对于不同层级政府提出了不同的职责要求，因此，在负面清单制度建设中，需要构筑起职责各异又紧密联系的政府职能网络。

1. 县市级政府职责

重点生态功能区是以“县”作为最小的构建单位，因此，在关于负面清单政府职责的构造中，县市级政府是制定负面清单的责任主体。作为区域的直接管理者和制度的直接落实者，县市级政府最为熟悉本区域的资源状况和承载力，其具有制定负面清单的“先天优势”。当然，县市级政府制定负面清单时首先需要遵照国家政策、规划等规范性要求。

首先，进行产业准入负面清单的类型化设置。根据限制要求的不同，负面清单中的不同产业可以分为限制类和淘汰类产业两种不同的类型：限制类主要包括国家《产业结构调整指导目录》（2019 年）中的限制类产

① 邱倩、江河：《论重点生态功能区产业准入负面清单制度的建立》，《环境保护》2016 年第 14 期。

业以及与区域发展主体功能定位不符的产业；淘汰类产业主要包括国家《产业结构调整指导目录》（2019 年）中的淘汰类产业。在进行产业类型化的基础上，根据类型的不同规定具有差异化的限制措施。

其次，为了保障负面清单制度的落地，县级政府制定的负面清单需要具备以下几个特征：（1）特定性。我国不同地区之间的生态状况、资源禀赋差异比较大。特定性意味着产业准入负面清单需要根据不同区域资源状况、功能定位的不同进行制定，要具有区域特点，体现当地区域发展和保护需求。（2）明确性。要明确产业准入负面清单的具体类型、不同类型适用时间表、具体的限制措施等。例如，对于限制类产业，准入负面清单要规定地址、技术、产能等方面的限制措施，以及改造升级的具体要求。（3）适用性。产业准入负面清单是落实我国空间规划政策的具体措施，需要具有可操作性。（4）协调性。产业准入负面清单并非单纯地限制或禁止区域发展，其应该能够兼顾区域发展与环境保护的关系，实现经济和环保的双赢。

2. 省级政府职责

作为中央政府和县市级政府之间的“枢纽”，省级政府的职责侧重于对负面清单的监管和区域间的统筹安排。省级政府的监管职责具有全程性、持续性的特点，不但在负面清单制定过程中发挥监管职责，还对负面清单的实施进行监管。（1）县市级政府制定出负面清单之后需要上报给省级政府，由省级政府进行审核，审核之后再上报给国家。省级政府对负面清单制定的“把关”有利于增强负面清单的明确性和适用性。（2）在负面清单实施过程中，省级政府进行监督检查，通过通报批评、督促整改、实施区域限批等措施保障负面清单的落地。

此外，省级政府还具有区域间的统筹安排职责。县市级政府制定的负面清单是以本行政区域作为基本界限，但是很多重点生态功能区本身具有跨区域的自然属性，这就需要省级政府根据不同区域的生态环境状况进行协调和统筹，促进区域间负面清单制度的有效衔接。

3. 中央政府职责

中央政府职责和决策具有宏观把握、统筹全局的特点，其侧重于顶层设计、审核衔接、产业调整等工作。例如，省级政府进行负面清单审核之后上报给国家，国家在开展全局性顶层设计的基础上，由国家发展改革委会进行技术审核论证，形成衔接审查意见，反馈给各省级政府。

重点生态功能区不是单纯的区域划分，其是关涉经济发展和生态保护关系的重要战略部署，对于重点生态功能区的产业准入，不仅仅是“一限了之”或“一禁了之”，而是需要进行更为根本的产业结构战略调整，这并非省市级政府能够为之，需要中央政府做出宏观布局。产业结构调整是我国环境问题解决的关键环节，从产业结构的角度分析重点生态功能区制度建设中的困难和问题是非常必要的。“我国环境法律体系在实践中实施效果不佳的最根本的原因是中国环境法遭遇着能源结构、产业结构、区域结构、城乡结构和权力结构等结构性陷阱……不论是污染防治还是资源保护、生态保护方面的立法，都需要从调整能源消费结构和产业结构等更大尺度的问题方面着手。”① 产业结构既能成为环境质量改善的障碍，也可变为环境质量改善的手段，这就需要我们大力发展绿色产业和绿色产业法，促进产业绿色化发展，② 为重点生态功能区建设提供外部支持。

三　重点生态功能区生态补偿的问题

重点生态功能区建设中不但要关停污染企业、控制开发和建设规模、丧失一定的发展机会，还要为生态恢复、生态环境质量改善付出一定的支出。重点生态功能区产出的生态产品具有公益性，重点生态功能区产生的生态利益具有外溢性，因此，完善重点生态功能区的生态补偿制度成为弥补重点生态功能区损失、激发重点生态功能区建设的积极性，促进重点生态功能区持续发展的重要保障。

（一）生态补偿及其功能

自 20 世纪 90 年代以来，我国学术界对“生态补偿”的理解经历了一个不断深化与扩展的过程：从“自然生态补偿”到“经济社会系统向生态系统的反哺投入”③，进而上升到一项“调节生态保护利益相关者之

---

① 张梓太、郭少青：《结构性陷阱：中国环境法不能承受之重——兼议我国环境法的修改》，《南京大学学报》（哲学·人文科学·社会科学版）2013 年第 2 期。

② 刘国涛、张百灵：《从环境保护到环境保健——论中国环境法治的趋势》，《郑州大学学报》（哲学社会科学版）2016 年第 2 期。

③ 具有代表性的定义是：“人类社会为了维持生态系统对社会经济系统的永续支持能力，从经济社会系统向生态系统的反哺投入，这种反哺投入表现为通过补偿制度设计而实现的某种形式的转移支付，从而起到维持、增进自然资本包括自然生态资源和自然环境容量的存量或者抑制、延缓自然资本的耗竭和破坏过程的作用，并最终实现社会经济系统本身的永续发展。”参见谢剑斌《持续林业的分类经营与生态补偿研究》，中国环境科学出版社 2004 年版，第 20 页。

间利益关系的公共制度"①。对于生态补偿的界定仍未达成一致，不同学者从环境科学、环境经济学、生态学等不同学科进行阐释，即使在法学研究中，学者也有不同的理解。例如，有的学者认为，生态补偿通过对人的补偿实现对生态系统的补偿，而且对人的补偿和对生态系统的补偿两者具有同等重要的价值理性。② 有的学者认为，法学视角下的生态补偿定义应当关注对不同主体之间发生的、以生态保护为内容的社会关系、利益关系或法律关系的调整。③ 还有的学者认为，生态补偿包括"从事对生态环境有影响的行为时对生态环境自身的补偿"以及"开发利用环境资源时对受损的人们的补偿"，它既体现了人与人的关系，又体现了人与自然的关系。④

从学界最为普遍的使用方式分析，生态补偿主要是解决环境利益外溢问题，是指对生态环境保护者、修复者等环境公共利益产生者进行的补偿。基于生态产品的公益性、普惠性等特征，本书也是在此意义上使用生态补偿这一概念，该类生态补偿是一种"增益性"补偿。

从法学研究视角理解"生态补偿"，还需要厘清"生态补偿"与"生态损害赔偿"之间的关系。生态损害赔偿是有别于生态补偿的另一项制度安排，原因在于就法律性质而言赔偿不同于补偿。赔偿与补偿的最大区别是发生的原因和性质不同：赔偿一定是因违法行为所引起的，对加害者具有惩罚性；补偿是因合法行为所引起的，因合法行为对他人产生的损失的补偿不具有惩罚性，因行为者有目的地使他人获益的补偿甚至还具有感恩的意味。⑤ 在资源开发利用活动中，可能既存在生态损害赔偿问题，又存在生态补偿问题，需要予以区分。

生态补偿是解决环境保护中"搭便车"问题的一种制度安排，也是

---

① 如李文华院士等将生态补偿定义为"以保护和可持续利用生态系统服务为目的，以经济手段为主调节相关者利益关系的制度安排"。参见李文华、李世东、李芬、刘某承《森林生态补偿机制若干重点问题研究》，《中国人口·资源与环境》2007年第2期。

② 杜群：《生态保护法论——综合生态管理和生态补偿法律研究》，高等教育出版社2012年版，第322页。

③ 汪劲：《论生态补偿的概念——以〈生态补偿条例〉草案的立法解释为背景》，《中国地质大学学报》（社会科学版）2014年第1期。

④ 王清军、蔡守秋：《生态补偿机制的法律研究》，《南京社会科学》2006年第7期。

⑤ 李爱年：《生态效益补偿法律制度研究》，中国法制出版社2008年版，第36—37页。

解决环境正外部性问题的一种有效方式。生态补偿在我国经历了从环境政策到环境立法的重要变化。1996年国务院发布的《关于环境保护若干问题的决定》规定了“污染者付费、利用者补偿、开发者保护、破坏者恢复”的环境保护方针，这是我国“污染者负担”原则的扩展，也是“生态补偿”理念的确立。此后，《中共中央关于全面深化改革若干重大问题的决定》和《国务院办公厅关于健全生态保护补偿机制的意见》规定生态补偿坚持“谁受益、谁补偿”的基本法律原则，并积极推动生态补偿制度的建立。目前，《环境保护法》[①]《森林法》[②]《湿地法》[③]等法律和部门规章[④]都明确了生态补偿制度，我国也在森林、矿产资源、湿地、长江经济带、黄河流域等领域、流域实施生态补偿。

（二）重点生态功能区实施生态补偿存在的问题

生态补偿是重点生态功能区建设中不容回避、关涉重点生态功能区建设是否持续性发展的重要问题。一方面，重点生态功能区为了实现提供生态产品的主体功能，不但要关停污染企业、控制开发和建设规模、丧失一定的发展机会，还要为生态恢复、生态环境质量改善付出一定的支出，在不同功能区域间产生的“外部性”问题该如何解决？另一方面，我国的重点生态功能区和贫困地区具有高度相关性。对于这些环境区域的居民而言，如何尽量开发利用环境资源，获取具体环境区域的环境物品与服务的支撑作用，也就是直接使用价值，依然是他们现实生活中的首要选择。[⑤]重点生态功能区建设在一定程度上“剥夺”了这些地区开发利用环境的机会。那么，又该如何对这些区域的居民在被动式环境变迁中被“剥夺”的基于环境资产性质的传统环境权益进行补偿呢？

---

① 《环境保护法》第31条规定：国家建立、健全生态保护补偿制度。国家加大对生态保护地区的财政转移支付力度。有关地方人民政府应当落实生态保护补偿资金，确保其用于生态保护补偿。

② 《森林法》第7条规定：国家建立森林生态效益补偿制度，加大公益林保护支持力度，完善重点生态功能区转移支付政策，指导受益地区和森林生态保护地区人民政府通过协商等方式进行生态效益补偿。

③ 《湿地保护法》第36条规定：国家建立湿地生态保护补偿制度。

④ 如《财政部、生态环境部、水利部、国家林草局关于印发〈支持引导黄河全流域建立横向生态补偿机制试点实施方案〉的通知》（财资环〔2020〕20号）、《财政部关于建立健全长江经济带生态补偿与保护长效机制的指导意见》等。

⑤ 杨润高：《环境剥夺与环境补偿论》，经济科学出版社2011年版，第5—6页。

党的十八届三中全会决定提出要“完善对重点生态功能区生态补偿机制”。我国按照《全国生态功能区划》进行功能区划分之后，为了有效激励地方政府加大生态环境保护投入，促进国家重点生态功能区建设，财政部发布了一系列转移支付办法，主要包括：《国家重点生态功能区转移支付办法》（2009、2011、2012），《中央对地方国家重点生态功能区转移支付办法》（2015），《中央对地方重点生态功能区转移支付办法》（2019，以下简称为《转移支付办法》），对国家重点生态功能区的财政转移支付持续且逐年增加。转移支付具有生态补偿的性质，但国家持续增强的资金补助并没有实现重点生态功能区生态环境质量持续改善的正比例关系。据统计，2012—2018 年，中央对国家重点生态功能区转移支付金额呈现逐年增加的趋势，虽然环境质量恶化的态势得到一定程度的控制，但重点生态功能区生态环境质量变好和稳定状况却未持续增加（如表 4-3 所示）。究其背后，忽视县级政府生态保护能力异质性，采用“一刀切”的转移支付政策是主要原因之一。①

表 4-3　2012—2018 年中央对国家重点生态功能区转移支付情况与重点生态功能区生态变化情况

年份	转移支付金额	变好数量（个）与比例	基本稳定数量（个）及比例	变差数量（个）及比例
2012	371 亿元	58（12.8%）	380（84.1%）	14（3.1%）
2013	423 亿元	26（5.6%）	424（91%）	16（3.4%）
2014	480 亿元	69（14%）	355（72.2%）	68（13.8%）
2015	—	103（20.1%）	344（67.2%）	65（12.7%）
2016	570 亿元	—		
2017	627 亿元	57（7.9%）	585（80.9%）	81（11.2%）
2018	721 亿元	78（9.5%）	647（79.1%）	93（11.4%）

资料来源：《2012 中国环境状况公报》《2013 中国环境状况公报》《2014 中国环境状况公报》《2015 中国环境状况公报》《2016 中国环境状况公报》《2017 中国环境状况公报》《2019 中国生态环境状况公报》《中央财政下拨 2014 年国家重点生态功能区转移支付 480 亿元》《财政部关于下达 2017 年中央对地方重点生态功能区转移支付的通知》等。

① 张文彬、李国平：《生态保护能力异质性、信号发送与生态补偿激励——以国家重点生态功能区转移支付为例》，《中国地质大学学报》（社会科学版）2015 年第 3 期。

四 重点生态功能区生态补偿的完善

(一) 明确生态补偿的两种模式

根据《中央对地方重点生态功能区转移支付办法》的规定，在我国目前的重点生态功能区生态补偿中，补偿主体主要是中央人民政府，接受主体主要是重点生态功能区所在的地方人民政府。由于重点生态功能区生产的生态产品具有公共物品的性质，其产生的生态利益具有外溢性，因此，重点生态功能区划定范围之外的区域也可能成为生态产品的受益者，该区域地方政府应该成为生态产品的购买者（即补偿主体），重点生态功能区所在地方人民政府成为受偿主体，此时形成的生态补偿模式便成为地方政府之间的生态补偿。

(二) 加强省际的横向生态补偿

目前国家重点生态功能区生态环境保护资金主要来源于国家纵向转移支付，不管是一般性转移支付还是专项转移支付，都是由中央统一通过专项转移支付的形式下拨给地方，无法有效地反映省际由生态效益或成本外溢形成的横向生态补偿关系，因此需要建立起以生态补偿为导向的省际横向转移支付制度，由受益省份向国家重点功能区省份进行补偿。

(三) 合理确定补偿下限与上限

为了实现“提供生态产品”的主体功能，重点生态功能区建设过程中付出了双重成本：不但要关停污染企业、控制开发和建设规模、丧失一定的发展机会（机会成本），还要为生态恢复、生态环境质量改善付出一定的支出（直接成本），对这两种成本进行充分补偿，也即，补偿的最低标准应该是机会成本与直接成本之和，是建立国家重点生态功能区激励机制的基础。根据学者对陕西省国家重点生态功能区机会成本进行估算并对转移支付进行分析发现，即使转移支付逐年增加，其不足以完全抵销功能区居民丧失的机会成本，也远不及当地居民的受偿意愿。① 这成为影响重点生态功能区持续发展的重要障碍。

生态补偿标准应该确立合理的补偿区间，从理论上分析，补偿的下限应该是重点生态功能区建设过程中付出的各种成本，即机会成本和直接成

① 李国平、李潇：《国家重点生态功能区的生态补偿标准、支付额度与调整目标》，《西安交通大学学报》（社会科学版）2017 年第 2 期。

本之和；补偿的上限应该是成本与收益之和。但是，受制于财政状况、区域发展的状况的影响，理想意义上的全面补偿难以一蹴而就。因此，国家重点生态功能区的现实补偿标准的提高可分阶段进行。第一阶段：完全补偿国家重点生态功能区的机会成本，并补偿其直接成本，努力实现生态补偿标准合理区间中的下限标准的完全补偿。第二阶段：逐步实施能够触及生态补偿标准合理区间中的上限标准，转移支付额度应调整至等于国家重点生态功能区内居民净损失（机会成本+直接成本）与提供的生态效益增量之和。[①] 第一阶段的补偿标准主要在于填补损失，第二阶段的补偿标准具有重要的激励作用。

（四）加强对地方政府的有效监管

根据《转移支付办法》规定，县（县级市、市辖区、旗）级政府是我国财政转移支付的重点对象之一。[②] 从经济学的角度分析，中央政府和地方政府在重点生态功能区建设中存在博弈关系。中央政府进行财政转移支付的目的是鼓励地方政府对生态环境保护进行更多投入，以期获得更好的生态效益；地方政府获得财政转移支付之后，需要按照中央政府的要求进行环境保护、供给更多生态产品，但是，很多重点生态功能区处于经济不够发达地区，当地政府具有发展经济的先天偏好和内在动力。县级政府能否按照国家规定积极投入生态环境保护中是我国重点生态功能区建设成效是否显著的重要环节，但学者研究表明，很多情况下，县级政府会基于自身的偏好，缺乏提供生态产品的积极性，对中央政府的标准往往进行适当变通，降低生态环境保护标准，[③] 这导致的直接后果就是重点生态功能区资金补助并没有与生态环境质量持续改善形成正比例关系。“只见投资增长，不见生态质量提高”或“地方获得补偿资金但不努力进行生态环境保护与建设”等“敲竹杠”问题由此产生。[④] 因此，中央政府不但需要通过财政转移支付进行有效激励，还需要构建约束机制，加强对地方政府

---

① 李国平、李潇：《国家重点生态功能区的生态补偿标准、支付额度与调整目标》，《西安交通大学学报》（社会科学版）2017 年第 2 期。

② 如 2019 年《转移支付办法》规定，重点补助对象为重点生态县域和其他生态功能重要区域。

③ 张跃胜：《国家重点生态功能区生态补偿监管研究》，《中国经济问题》2015 年第 6 期。

④ 李潇、李国平：《基于不完全契约的生态补偿“敲竹杠”治理——以国家重点生态功能区为例》，《财贸研究》2014 年第 6 期。

的有效监管，形成“激励”与“约束”的双重规范机制。虽然《转移支付办法》对县级政府确立了奖惩机制,[①] 但该规定较为抽象，缺乏具体的措施，不足以对地方政府开展有效监管。

加强对地方政府的有效监管，首先需要借助于信息公开制度形成监管的多元主体。中央政府根据地方政府开展生态环境保护的效果对其进行考核评价，但地方政府具有的信息优势容易影响考核评价的客观性。地方政府对所在地区生态环境状况、生态破坏程度、生态治理与恢复的资金投入、生态治理与恢复效果拥有较全面的信息，这有助于地方政府在应对中央政府的考核评价中“弄虚作假”。因此，需要进一步扩大地方政府生态环境相关信息公开的范围，同时，借助于微信、投诉电话等方式构建社会公众以及媒体等第三方监管主体对地方政府进行监管的大众平台。其次，适当加大县级政府消极保护或不保护生态环境的惩罚力度，倒逼县级政府认识到消极保护生态环境的高风险，加强法律的威慑，降低县级政府的侥幸心理。[②] 受到传统政绩观和考核制度的影响，有些地方政府视某些法律规范为“纸老虎”，对于追责条款的执行心存侥幸，应该借助于党政同责、环保督察等制度的完善，加大追责力度，发挥考核利剑的作用。

---

① 《转移支付办法》第 9 条规定：奖惩资金对象为重点生态县域。根据考核评价情况实施奖惩，对考核评价结果优秀的地区给予奖励。对生态环境质量变差、发生重大环境污染事件、实行产业准入负面清单不力和生态扶贫工作成效不佳的地区，根据实际情况对转移支付资金予以扣减。

② 张跃胜：《国家重点生态功能区生态补偿监管研究》，《中国经济问题》2015 年第 6 期。

第五章 生态产品价值实现中的政府责任

生态产品价值实现是克服正外部性、解决环境利益外溢问题的有效途径。我国在实践中探索出了生态产业化、生态产品（服务）交易、生态修复和生态补偿等不同的价值实现模式，形成了政府主导、市场主导以及政府和市场混合的价值实现路径。在这些不同的价值实现路径中，政府的角色定位和职责各有不同。

环境污染、生态破坏等行为造成生态环境损害，影响生态产品供给和价值的实现。政府应当通过完善行政执法、提起生态环境损害赔偿诉讼等方式发挥监督作用，追究污染者、破坏者等行为主体的责任，实现环境公共利益的维护，保障生态产品供给和价值实现。同时，还应当构建环境法的激励机制，形成约束与激励并存的制度体系。

第一节 生态产品价值实现的理论与模式

一 生态产品价值实现的理论基础：正外部性及其克服

生态产品价值实现是在政府或者市场的推动下，破解环境公共利益外溢问题，使生态产品正外部性实现内部化，促进生态产品生态价值转化为经济价值的途径。

生态产品的“公共物品”属性导致其会产生大量的正外部性。正外部性是与负外部性相对应的概念，“是指某个经济行为主体的活动使他人或社会受益，而受益者又无须花费代价”[①]。在环境法中，正外部性意味着行为主体在生产、经营、消费等活动中产生的环境利益并非由其全部享用，他人或社会无偿享用了该环境利益。

---

① 厉以宁：《西方经济学》（第二版），高等教育出版社 2005 年版，第 238 页。

生态产品是环境公共利益的载体，生态产品及其生态功能往往具有整体不可分割性和普惠性。生态产品供给过程中，会产生大量的利益外溢，导致无法实现资源的最优配置，也影响生态产品供给的持续力，如何对外部性进行治理、实现外部性的内部化成为生态产品供给中的重要问题。

关于外部性的内部化方式，理论界主要形成了以下几种途径。(1) 经济措施：税收和补贴。"庇古税"理论表明，需要对产生负外部性的经济行为主体课以税收，对产生正外部性的经济行为主体进行补贴。一般而言，以下两种情况需要获得补贴：对受损者进行补贴、对产生正外部性的行为主体进行补贴。各国普遍建立的生态补偿机制便是实现正外部性内部化的有效途径。(2) 政府措施：行政管制和行政指导。针对各种负外部性行为，政府可以通过禁令和颁布标准来实现最优资源配置，这成为目前各国解决外部性问题时最常用的手段。行政指导是政府在解决外部性问题中的另一项重要措施，与行政管制的严厉性、强制性不同，行政指导更加具有亲和性和能动性，它使行政管制中政府和公众之间的排斥与对立关系得到缓和，并试图把双方置于一个相对平等的平台，使双方产生交流与对话的可能。(3) 产权交易。根据科斯的理论，产权设置是优化资源配置的基础，解决外部性的关键是明确产权，即可以通过交易成本的选择和私人谈判、产权的适当界定和实施来实现外部性内部化。

在正外部性的情况下，产生了利益外溢，因此存在补偿问题；而对于负外部性，则存在对环境公益的救济问题。借鉴上述理论，实践中形成了生态产品（服务）交易、生态补偿、生态修复等法律制度，促进生态生产价值实现。

二 生态产品价值实现的进程

党的十八大以来，我国生态文明建设力度不断加强。在生态文明体制改革的推动下，生态产品供给、生态产品价值实现的政策和实践不断开展。

2017 年 10 月，中共中央办公厅、国务院办公厅印发《关于完善主体功能区战略和制度的若干意见》，明确提出对生态功能区县地方政府考核生态产品价值，并将贵州、江西、浙江、青海列为国家生态产品价值实现机制试点省份。此后，党的十九大报告要求，"提供更多优质生态产品以满足人民日益增长的优美生态环境需要"。2018 年，习近平总书记在深入推动长江经济带发展座谈会上强调，要选择具备条件的地区开展生态产品价值实现机制试点，探索政府主导、企业和社会各界参与、市场化运作、可持续的生态产品价值实现路径。① 2019 年 1 月，浙江省丽水市成为全国首个生态产品价值实现机制试点市，标志着生态产品价值实现进入了实质性阶段；同年，江西抚州成为第二个全国生态产品价值实现机制试点城市；此后，湖南省岳阳市、福建省南平市、陕西省安康市等地也开展了生态产品价值实现试点工作。2020 年 4 月，财政部等四部委联合印发《支持引导黄河全流域建立横向生态补偿机制试点实施方案》，强调要建立健全生态产品价值实现机制。2021 年 4 月，中共中央办公厅、国务院办公厅印发《关于建立健全生态产品价值实现机制的意见》，进一步明确提出要“积极提供更多优质生态产品满足人民日益增长的优美生态环境需要，深化生态产品供给侧结构性改革，不断丰富生态产品价值实现路径；让提供生态产品的地区和提供农产品、工业产品、服务产品的地区同步实现现代化”，生态产品价值实现机制的研究趋向于实践。

截至目前，我国已经在浙江、江西、山东、河南、江苏、福建等省份的多个地区开展生态产品价值实现试点工作，并制定了相关规范性文件，具体见表 5-1。

表 5-1　　地方生态产品价值实现规范性文件

序号	试点地区	试点时间	规范性文件
1	浙江省丽水市	2019 年 3 月	《浙江（丽水）生态产品价值实现机制试点方案》
2	江西省抚州市	2019 年 12 月	《抚州市生态产品价值实现机制试点方案》
3	福建省南平市	2021 年 4 月	《南平市自然资源领域生态产品价值实现机制试点实施方案》
4	山东省东营市	2021 年 5 月	《东营市自然资源领域生态产品价值实现机制试点实施方案》
5	山东省邹城市	2021 年 6 月	《邹城市自然资源领域生态产品价值实现机制试点实施方案》
6	江苏省吴中区	2021 年 6 月	《苏州市吴中区太湖生态岛（金庭镇）自然资源领域生态产品价值实现机制试点实施方案》

① 习近平：《在深入推动长江经济带发展座谈会上的讲话》，《人民日报》2018 年 6 月 14 日第 2 版。

续表

序号	试点地区	试点时间	规范性文件
7	江苏省江阴市	2021 年 6 月	《江阴市自然资源领域生态产品价值实现机制试点实施方案》
8	河南省淅川县	2021 年 7 月	《淅川县、西峡县自然资源领域生态产品价值实现机制试点实施方案》
9	河南省西峡县	2021 年 7 月	《淅川县、西峡县自然资源领域生态产品价值实现机制试点实施方案》
10	河南省灵宝市	2021 年 8 月	《灵宝市自然资源领域生态产品价值实现机制试点实施方案》
11	安徽省黄山市	2021 年 9 月	《黄山市生态产品价值实现机制试点方案》
12	海南省	2021 年 12 月	《海南省建立健全生态产品价值实现机制实施方案》
13	江苏省	2022 年 3 月	《江苏省建立健全生态产品价值实现机制实施方案》

生态产品价值的实现是践行“两山”理论的重要体现。“两山”理论是习近平生态文明思想的重要内容，着眼于处理经济发展与环境保护之间的关系，本质是将生态资源转化为资产，与生态产品价值实现机制在性质上是相同的，都是将生态产品所蕴含的生态价值转换为经济价值。

随着我国环境治理体系与治理能力水平的不断提升，生态产品价值实现将会更加普遍，而现阶段我国关于生态产品价值实现的法律制度并不完善，市场、政府职责边界如何区分，政府应该在生态产品价值实现中发挥何种功能等问题成为环境法学院研究中的重要议题。

三 生态产品价值实现的模式

学界从不同角度对生态产品价值实现的模式开展了研究。有的学者从生态产品使用价值的交换主体、交换载体、交换机制等角度对上述四种模式进行细化研究，归纳形成 8 大类、22 小类生态产品价值实现的模式。① 有的学者从主导发起者的视角，把生态产品价值实现模式归类为政府主导模式、市场主导模式和社会主导模式等类别。② 类似的还有把生态

① 张林波、虞慧怡、郝超志、王昊：《国内外生态产品价值实现的实践模式与路径》，《环境科学研究》2021 年第 6 期。

② 丘水林、靳乐山：《生态产品价值实现：理论基础、基本逻辑与主要模式》，《农业经济》2021 年第 4 期。

产品价值实现的模式分为市场主导型、政府主导型和生产要素参与分配型。[①] 有的学者从生态产品消费属性的视角，将生态产品价值实现分为产业生态型、生态产业型、产权交易型、生态补偿型、绿色金融型等模式。[②] 也有的分为生态私人产品、生态公共产品和生态混合产品的价值实现模式。[③]

在中央政策的推动下，生态产品价值实现在地方实践中得以探索并形成不同的模式。截至 2022 年 3 月，自然资源部发布了 3 批共计 32 个生态产品价值实现典型案例，具体见表 5-2、表 5-3 和表 5-4。通过对这些典型案例进行总结发现，现阶段我国的生态产品价值实现涵盖了生态产业化、生态产品（服务）交易、生态修复和生态补偿等不同模式。

表 5-2　自然资源部生态产品价值实现典型案例（第一批）模式总结[④]

序号	地区	实现路径	模式
1	福建厦门五缘湾	陆海环境综合整治和生态修复保护，发展生态居住、休闲旅游、医疗健康、商业酒店、商务办公等现代服务产业	生态修复模式；生态（旅游、康养、服务）产业化
2	浙江余姚梁弄镇	通过土地整治与生态修复，发展红色教育培训、生态旅游等产业	生态修复模式；生态（旅游、培训）产业化
3	山东威海	通过矿坑生态修复，打造 5A 华夏城景区	生态修复模式；生态（旅游）产业化
4	江西赣州寻乌县	通过山水林田湖草生态保护修复，发展油茶种植、生态旅游、体育健身等产业	生态修复模式；生态（农业、旅游、服务）产业化
5	江苏徐州贾汪区	通过采煤塌陷区生态修复，打造国家湿地公园	生态修复模式
6	福建南平	森林生态银行，借鉴银行分散式输入、集中式输出的模式	生态资源资本化运营
7	重庆	森林覆盖率约束性指标，实现达标区与非达标区市场化交易	森林覆盖率（权利指标）交易

---

① 金铂皓、冯建美、黄锐、马贤磊：《生态产品价值实现：内涵、路径和现实困境》，《中国国土资源经济》2021 年第 3 期。

② 范振林：《生态产品价值实现的机制与模式》，《中国土地》2020 年第 3 期。

③ 孙博文、彭绪庶：《生态产品价值实现模式、关键问题及制度保障体系》，《生态经济》2021 年第 6 期。

④ 孙博文、彭绪庶：《生态产品价值实现模式、关键问题及制度保障体系》，《生态经济》2021 年第 6 期。

续表

序号	地区	实现路径	模式
8	重庆	地票制度，拓展了其生态功能，建立了市场化的“退建还耕还林还草”机制	生态产权（地票）市场化交易
9	云南玉溪市	流域整体保护、系统修复和综合治理	生态修复模式
10	湖北鄂州市	统一生态产品价值核算方法，为生态补偿提供技术支持	生态补偿模式
11	美国	建立“美国湿地缓解银行”	生态补偿模式

表 5-3　自然资源部生态产品价值实现典型案例（第二批）模式总结

序号	地区	实现路径	模式
1	江苏省苏州市金庭镇	优化空间布局，建立生态补偿机制，建立“生态农文旅”模式	生态补偿模式；生态（农业、文化、旅游）产业化
2	福建省南平市	通过植树造林、产业调整、污水治理，搭建“水生态银行”运营平台，积极发展包装水、绿色种植和养殖、涉水休闲康养等生态产业	生态修复模式；生态产业化
3	河南省淅川县	通过山水林田湖草系统治理，创新发展生态农业，发展生态旅游、康养、会议等产业	生态（农业、旅游、康养）产业化
4	湖南省常德市	启动穿紫河生态修复治理工作，发展“商、旅、居”产业	生态修复模式；生态（旅游）产业化
5	北京市房山区	对曹家坊矿区开展生态修复，形成了旅游、文化、餐饮、民宿、绿化等产业	生态修复模式；生态（旅游、文化）产业化
6	山东省邹城市	将采煤塌陷区修复为提供生态产品、促进经济发展的自然生态系统，坚持“农渔游”生态产业化	生态修复模式；生态（农业、旅游）产业化
7	河北省唐山市	将采煤塌陷区转变成全国最大的城市中央生态公园	生态修复模式
8	江苏省江阴市	综合运用土地储备、生态修复、湿地保护、旧城改造、综合开发等措施	生态修复模式

续表

序号	地区	实现路径	模式
9	广东省广州市	开发公益林碳普惠项目，通过引入第三方机构核算减排量、网上公开竞价等措施	生态产权（碳汇）交易
10	英国	基于自然资本的成本效益分析	生态系统服务价值付费

资料来源：《自然资源部办公厅关于印发〈生态产品价值实现典型案例〉（第二批）的通知》，2020 年 10 月 27 日，中华人民共和国自然资源部网，http：//gi. mnr. gov. cn/202011/t20201103_2581696. html。

表 5-4　自然资源部生态产品价值实现典型案例（第三批）模式总结

序号	试点地区	实现路径	模式
1	云南省红河州	依托特殊地理区位、丰富的自然资源和独特的民族文化，发展“内源式村集体主导”旅游产业	生态（旅游）产业化
2	吉林省抚松县	因地制宜发展矿泉水、人参、旅游三大绿色产业	生态（产品、旅游）产业化
3	宁夏银川市	在土地整治、改良盐渍化土壤的基础上，开发了集农业种植、渔业养殖、产品初加工、生态旅游于一体的生态“农工旅”项目	生态（农业、渔业、旅游）产业化
4	福建省三明市	通过集体林权制度改革明晰林权，探索开展“林票”制度改革，探索开展林业碳汇产品交易	生态产权(碳汇)交易
5	澳大利亚	开发农业土壤碳汇项目并建立了严格的基线采样、碳汇计量和项目运行机制，通过“反向拍卖”规则开展市场交易	生态产权(碳汇)交易
6	德国生态账户	规定了生态账户及生态积分的评估、登记、使用和交易等规则，形成了由占用者或第三方建立生态账户、获得生态积分并进行交易的市场	生态系统服务交易
7	广东省南澳县	坚持生态立岛，积极推进“蓝色海湾”等海洋生态保护修复，实施海岛农村人居环境整治	生态修复模式
8	广西北海市	以“生态恢复、治污护湿、造林护林”为主线，在尊重自然地理格局的基础上，对冯家江实施生态治理，建成以冯家江滨海国家湿地公园为核心的生态绿廊	生态修复模式

续表

序号	试点地区	实现路径	模式
9	海南省莲花山	推动生态修复、环境治理、文化传承、产业发展“四位一体”联动，解决历史遗留矿山的生态环境问题	生态修复模式
10	美国马德福农场	实施休耕和生态修复，增强了生态产品的供给能力，政府通过补贴的方式“购买”农场生产的生态产品	生态补偿模式
11	浙江省杭州余杭区	通过与生态保护公益组织合作，探索采用水基金模式进行水源地生态保护及补偿，通过建立水基金信托、基于自然理念开展农业生产、对村民转变生产生活方式所形成的损失进行生态补偿	生态补偿模式

资料来源：《自然资源部办公厅关于印发〈生态产品价值实现典型案例〉（第三批）的通知》，2021 年 12 月 16 日，中华人民共和国自然资源部网，http：//gi. mnr. gov. cn/202112/t20211222_2715397. html。

无论是理论研究还是实践中，生态产品价值实现的途径主要依靠政府、市场，在少数情况下，也依靠第三部门实现。当然，在上述生态产业化、生态产品（服务）交易、生态修复和生态补偿等价值实现的不同模式中，政府和市场的职责、功能各有区别。

第二节　生态产品价值实现的路径与政府职责

一般而言，生态产品的“公共物品”属性越强烈，政府参与性和主导力量就越强，反之亦然。结合生态产品的“公共性”属性，在生态产品价值实现中，目前已经形成了政府、市场和混合式多种价值实现路径，即公共性生态产品对应政府主导的价值实现路径，经营性生态产品对应市场机制，新增加的准公共生态产品则对应政府市场混合路径。[①] 在不同的价值实现路径中，政府职责强弱有所区别，功能也存在一定差异。

① 张林波、虞慧怡、郝超志、王昊：《国内外生态产品价值实现的实践模式与路径》，《环境科学研究》2021 年第 6 期。

一　政府主导的价值实现路径及其职责

政府主导的生态产品价值实现路径主要适用于纯生态产品。纯生态产品也即公共性生态产品，具有非竞争性和非排他特点，其往往由政府直接提供，或者政府通过生态补偿、生态交易等方式购买公共性生态产品，促进生态产品价值实现，践行“谁保护、谁受益”的价值理念。

在地方实践中，已经出台促进政府购买生态产品的相关规范性文件。如《苏州市生态补偿条例》规定，推动政府购买公共性生态产品；云和县出台了浙江省首个《生态产品政府采购试点暂行办法》，政府采购包括生态调节服务类生态产品中的水源涵养、气候调节、水土保持、洪水调蓄四项品目。

政府购买的生态产品既包括其他政府提供的生态产品，也包括法人、自然人、第三部门等主体提供的生态产品。政府购买生态产品是一种合理且比较现实的价值实现方式，我国地域辽阔，不同区域之间的环境状况存在诸多差异，许多地区为了维护社会整体生态效益做出了诸多牺牲和贡献。例如，上游地区通过开展生态工程产生的生态效益惠及中下游地区，却承担着丧失发展机会、付出大量人力、物力、财力的风险，因此，通过政府之间的生态产品购买可以有效弥补地区之间发展的差异，促进社会公平正义的实现。政府之间生态产品购买的形式主要是下级人民政府与上级人民政府之间或不同地区的人民政府之间进行公共产品或公共服务的交换，卖方为县级（或省级）人民政府，买方为其上一级人民政府或其他地区人民政府，它们之间通过政府财政的转移支付来实现生态产品的交易。①

在纯生态产品价值实现方面，政府职责相对统一，那就是供给或者购买生态产品这一“公共产品”。纯生态产品具有维持国家生态安全、净化水源、维护生物多样性稳定、气候调解等多重功能，这些功能具有不可分割性和公共性的特征。从人类社会的存在和发展来看，人们对于此类生态产品的需求具有整体性，是人类整体对生态产品的需求，而政府作为环境公共利益的代表者和维护者，对于企业、社会组织以及个人产生的生态效益，有责任和义务进行“购买”以此激励更多的人参与到环境公共利益

① 朱久兴：《关于生态产品有关问题的几点思考》，《浙江经济》2008 年第 14 期。

的维护和增进中。

政府通过创建生态银行、生态产品市场和生态购买机构组织，适时购买生态产品，让生态产品供给者适时收回成本和投资，帮助将“产品生态”转化为“商品生态”，通过生态买卖和生态购买，确保“生态致富”。如根据美国、印度、加拿大和澳大利亚的法律，生态系统的价值被承认甚至认为是必要的。① 在生态产品的生产过程中，自然人、法人以及其他组织付出了一般的人类劳动，使各种生态产品具有了价值，应该成为生态产品的卖方。这种交易模式具有一定的特殊性，从卖方来看，由于生态产品与整个自然生态系统有着十分密切的内在联系，在许多情况下，生态产品的卖方难以以单个法人、自然人的身份表现出来。而生态产品的买方也具有特定性，即购买生态产品是政府的责任和义务，而不像一般的市场交易主体一样是其主观意志的体现。

但由于政府主导的价值实现需要国家财政的长期、持续投入，易造成政府极大的财政负担。此外，政府本身在回应公众的生态产品需求方面，由于缺乏充分的信息对接，难以灵活、及时、有效应对公众的多样化需求，容易形成“供给—需求”之间的偏差，造成资源的浪费。因此，在政府主导生态产品价值实现的同时，还需要发挥市场和第三部门的作用。

二　市场主导的价值实现路径及政府职责

市场化是生态私人产品价值实现的主要方式。生态私人产品也即经营性生态产品，是指具有竞争性和排他性的生态产品，例如，各种林产品、生态农产品、生态旅游产品等，其供给主体主要是市场和第三部门。这类生态产品的产权较为清晰，私人参与的意愿较为强烈，对于这些生态产品，应该纳入市场交易体系中，由生态产品供给者和消费者开展面对面交易，是一种直接、高效的生态产品价值实现方式。

市场化途径成为生态产品供价值实现的重要发展方向。实现市场化的路径在于如何通过技术和制度安排使生态产品具有一定的排他性，以激励更多主体介入供给。随着经济的发展进步，生态产品的公共属性会因技术

① Sharon O., Fishman S. N., Ruhl J. B., et al., “Ecosystem Services and Judge-made Law: A Review of Legal Cases in Common Law Countries”, *Ecosystem Services*, 2018, 32: 9-21.

水平、消费人数和人数等因素的变化而发生改变，生态产品的供给规模、供给主体以及生态产品的需求种类和数量也会处于一个动态发展的过程中，这将会弱化生态产品的公共属性，为生态产品的市场化供给提供了可能。①

但是，无论是科斯的产权理论、哈罗德·德姆塞茨的联合供给，还是布坎南的俱乐部供给方式，都涉及一个最基本而又关键的问题：产权的界定。产权的界定是生态产品价值实现的必要条件。然而，"在环境经济实践中，严格的产权界定与安排和完全通过产权安排来解决有关环境的外部不经济问题，至少在目前还难以达到，因为市场无力克服诸多技术性难题"②。产权作为一种强制性的制度安排，只能由具有强制力的政府来界定。在现实生活中，"排除非购买者"并非易事，可能因技术上无法办到或排他所需费用太高，而使排他之目的无法实现。从这一点来看，市场无法自行解决的问题有很多。因此，在生态产品价值实现中，如果任何一种观点只强调市场的作用而忽视政府的作用都是片面的。

当然，具体到私人生态产品领域，由于该类生态产品具有竞争性和排他性的特点，产权较为明晰，在其价值实现中，市场更能发挥调整和规范作用，政府职责和功能处于辅助地位。这需要明确市场和政府职权边界，减少政府对市场的不当干预。政府角色定位是市场管理者和引导者，通过完善法律法规、加强市场监管和制定合理的交易规则，促使个体利益和社会利益之间协调平衡。③ 政府承担着健全市场规则的职责。我国关于特许经营权许可、市场准入与退出等方面的制度尚不规范，需要政府积极推行改革措施，推动生态产品确权登记、交易等规则的构建。此外，政府还需要加强政策和制度建设，通过制度规范市场交易行为，为市场和第三部门供给生态产品提供有效的制度激励。通过政策引导和制度激励，培育良好的市场交易体系和规则，促使生态利益转化为现实的经济利益，鼓励、规范市场主体通过市场交易的方式实现生态产品价值。

---

① 曾贤刚、虞慧怡、谢芳：《生态产品的概念、分类及其市场化供给机制》，《中国人口·资源与环境》2014 年第 7 期。

② 王军：《可持续发展》，中国发展出版社 1997 年版，第 120—121 页。

③ 丘水林：《多元化生态产品价值实现：政府角色定位与行为边界——基于"丽水模式"的典型分析》，《理论月刊》2021 年第 8 期。

三　政府和市场混合的价值实现路径及政府职责

在纯生态产品和私人生态产品价值实现中，政府的职责边界相对明晰。在混合生态产品价值实现中，政府和市场往往同时发挥价值实现的推动作用。

混合生态产品涵盖了生态准公共产品以及生态俱乐部产品两类。生态准公共产品是指不具有排他性而具有竞争性的生态产品，例如，流域水资源、碳排放权等；生态俱乐部产品是指具有排他性而不具有竞争性的生态产品，如集体林权、经营性森林公园等。混合生态产品价值的实现既要发挥政府职责，也要依靠市场调节。

由于我国市场机制建设和生态产品研究起步较晚，目前统一的生态产品交易市场体系尚未形成，生态产品产权认定、准入门槛、交易方式、交易内容等方面存在一定弊端。如由于产权认定的困难，涵养水源、净化空气等生态功能难以通过市场方式进行交易。目前尚没有一个明确的政府部门对生态产品的价值核算工作进行统筹，缺乏生态产品价值评价体系。[①] 我国立法关于生态产品生产、供给、交易的相关制度规范非常缺乏，政府的角色定位和行为边界十分模糊，导致政府对生态产品的监管及其有效运营并不科学统一，生态产品管理的不科学使得生态产品难以参与市场经济循环，继而制约了生态产品的价值实现，区域间生态产品交易以解决当前生态产品供需矛盾的机制并未形成。现阶段，在实践中，混合型生态产品价值实现主要依靠政府发挥作用。政府通过实施生态补偿、进行财政转移支付、税收、价格调节等方式推动生态产品价值的实现。

从长远发展分析，生态产品价值实现中，应该逐渐发挥市场机制的作用，完善生态产品产权制度、价格形成制度和市场交易制度，使市场逐渐成为生态产品价值实现的核心力量。以市场为主导的价值实现路径同样需要政府发挥“看得见的手”加以规范，政府责任集中于政策引导、制度建设、市场监管、平台搭建、金融支持、环境教育等领域，政府主要是作为生态产品市场主体的培育者、自然资源产权界定的执行者和生态产品市

① 沈辉、李宁：《生态产品的内涵阐释及其价值实现》，《改革》2021 年第 9 期。

场的规制者。[①] 当然，政府和市场的作用场域并非截然分开，在大部分生态产品价值实现中，往往需要依靠政府和市场各司其职又相互配合。

四　生态产品价值实现的监管

在多元化的生态产品价值实现途径中，政府既是生态产品的供给者和购买者，同时也要对生态产品的价值实现进行监管。

当前政府对生态产品的监管呈现出以下特点：一是政出多门、多头管理进而造成管理职能交织甚至重复设置的现象。行政职能方面的重复建设会造成管理越位和管理缺位的问题。行政管理活动应该是一个细分市场，存在管理的边界。管理缺位和越位都体现了边界不清、权责不明、结构不合理的问题，最终带来的结果都是管理不到位。二是管理活动过于分散，进而造成管理成本过高。国外许多国家对水、林业、空气等资源是合并管理的，属于环保部门管理的范畴。合并管理避免了扯皮现象和管理职能交织等问题，精简了行政管理人员，降低了管理成本。因此，我国要实现“提高生态产品生产能力”的目标，改进当前的管理机制和模式势在必行。[②]

生态产品交易在我国仍属于新生事物，政府需要加强对生态产品交易的监管，发挥市场调解机制、维护市场秩序，促进生态产品交易的顺利开展。以碳汇交易为例，建议成立由政府监管部门、碳交易市场管理机构和交易所组成的三级监管体制，政府部门主要制定和实施碳交易管理办法，市场监督管理机构主要负责碳交易的协调和监管等工作，交易所主要承担制定交易环节、结算环节、交割环节和违约处理等各项工作。[③]

此外，还需加强对“监管者”的监管。政府供给生态产品的同时，也发挥监管者的作用，对市场交易规则、交易程序等进行监督。但政府并非完美的化身，其本身存在“权力寻租、政府公共决策被利益集团挟持

---

① 丘水林：《多元化生态产品价值实现：政府角色定位与行为边界——基于“丽水模式”的典型分析》，《理论月刊》2021 年第 8 期。

② 孙爱真、刘卫华、袁芬：《西南地区公共生态产品生产现状》，《黑龙江史志》2015 年第 13 期。

③ 陈德敏、谭志雄：《重庆市碳交易市场构建研究》，《中国人口·资源与环境》2012 年第 6 期。

等难以克服的缺陷"[①]。生态产品供给和管理实践中，政府对生态产品识别不到位、管理不科学等问题常常发生，"政府失灵"现象大量存在，因此，需要加强对"监管者"本身的监管，通过完善生态产品绩效考核和领导干部自然资源资产离任审计制度，强化对政府及政府部门在生态产品供给、管理中的职责，将生态产品质量提升、生态产品有效供给、维护和保护等情况纳入自然资源干部政绩考核，促进生态产品供给、价值实现机制的完善。

第三节 生态环境损害救济路径的协调与完善

生态产品承载着环境公共利益，环境污染、生态破坏等行为造成了环境公共利益的侵害，也影响生态产品供给和价值的实现。对于造成生态环境损害的行为，政府应当通过完善行政执法、提起生态环境损害赔偿诉讼等方式发挥监督作用，追究污染者、破坏者等行为主体的责任，以维护环境公共利益。

一 生态环境损害及其救济路径

（一）生态环境损害概述

《生态环境损害赔偿制度改革方案》（以下简称为《生态环境损害赔偿方案》）指出，生态环境损害"是指因污染环境、破坏生态造成大气、地表水、地下水、土壤、森林等环境要素和植物、动物、微生物等生物要素的不利改变，以及上述要素构成的生态系统功能退化"。由此可见，生态环境损害是指对生态环境本身的损害，既包括对环境构成要素和生物要素的损害，也包括对生态系统功能的损害。

环境的生态系统功能又称为生态服务价值，是指环境提供给人们的各种利益。具体包括供给服务（如提供食物和水）、调节服务（如气候调节、水调节）、文化服务（如精神、娱乐和文化收益）以及支持服务（如维持地球生命生存环境的养分循环）等。环境污染、生态破坏等行为造成的生态环境损害实际上是对环境公共利益的侵害。生态产品承载着环境

① 柯坚：《我国〈环境保护法〉修订的法治时空观》，《华东政法大学学报》2014 年第 3 期。

公共利益，当环境污染、生态破坏等行为造成清新空气、洁净水源、安全土壤和清洁海洋等生态环境受到损害时，也影响了生态产品供给和价值的实现。因此，需要发挥政府职责，完善生态环境损害的救济途径。

（二）生态环境损害的救济路径

生态环境损害的救济主要包括行政救济和司法救济两种途径，无论哪种途径，政府都是最主要的责任主体。

根据《宪法》规定，地方各级人民政府是地方各级国家权力机关的执行机关。行政救济途径主要是指政府及其部门以行政命令、行政处罚、行政强制等行政手段，通过执行环境保护法律法规实现生态环境的保护。该种途径主要依靠政府及拥有环境保护监督管理职权的政府部门的执法活动展开。

司法救济途径主要是指政府通过提起生态环境损害赔偿诉讼的方式，来维护环境公共利益。根据《固体废物污染环境防治法》①《生态环境损害赔偿方案》②《生态环境损害赔偿规定》③ 等相关法律、文件规定，生态环境损害赔偿的权利人是省级、市地级人民政府及其指定的相关部门、机构，或者受国务院委托行使全民所有自然资源资产所有权的部门（统称为行政机关）。对于开展生态环境损害磋商、提起生态环境损害赔偿的权利，政府不能像一般民事主体一样按其自由意识选择放弃，而是政府应尽的职责和义务，是政府的职责所在。

二　行政路径：环境行政执法手段的改进

以行政执法方式实现保护环境、维护环境公共利益的目的是行政机关

---

① 《固体废物污染环境防治法》第 122 条规定：固体废物污染环境、破坏生态给国家造成重大损失的，由设区的市级以上地方人民政府或者其指定的部门、机构组织与造成环境污染和生态破坏的单位和其他生产经营者进行磋商，要求其承担损害赔偿责任；磋商未达成一致的，可以向人民法院提起诉讼。对于执法过程中查获的无法确定责任人或者无法退运的固体废物，由所在地县级以上地方人民政府组织处理。

② 《生态环境损害赔偿方案》规定：国务院授权省级、市地级政府作为本行政区域内生态环境损害赔偿权利人……省级、市地级政府可指定相关部门或机构负责生态环境损害赔偿具体工作。省级、市地级政府及其指定的部门或机构均有权提起诉讼。

③ 《生态环境损害赔偿规定》规定：省级、市地级人民政府及其指定的相关部门、机构，或者受国务院委托行使全民所有自然资源资产所有权的部门，可以作为原告提起生态环境损害赔偿诉讼。

最基本的职责。根据我国法律规定，针对造成生态环境损害的行为人，环保部门有权使用行政命令、行政处罚、行政强制等行政手段。行政权具有专业性强、灵活便捷、效率高等优势，成为我国生态环境损害救济的重要途径。但实践中也存在如下问题：行政处罚和行政命令混淆不清、行政代履行等问题凸显，急需完善。

（一）行政处罚与行政命令的厘清

行政处罚是环境保护行政执法中最为常用的手段，环境立法中也规定了许多责令性行政行为，如《湿地保护法》规定的“责令限期恢复、重建湿地”“责令停止违法行为”“责令限期补种”，《森林法》规定的“责令限期恢复植被”，《海洋环境保护法》规定的“责令停止违法行为”“责令改正”“责令采取限制生产、停产整治”“责令停业、关闭”等。但是，这些行为的性质如何界定，是行政命令抑或行政处罚，立法和实务上都易产生混淆。2010年的《环境行政处罚办法》将“责令停止生产或者使用”“责令停止违法行为”“责令限期治理”等“责令改正”行为界定为行政命令，实践中出现了环境执法或司法适用的混乱与困惑，如吴武汉与广州市黄埔区环境保护局环保处理决定上诉案。[①]

行政处罚与行政命令的区别并非表面上是否以“责令”的方式作出，根据《行政处罚法》的规定，“责令停产停业、责令关闭”也属于行政处罚。因此，需要根据两者“是否具有制裁性作为实质内容标准加以判断”[②]。行政处罚的核心要义是“惩罚性”，即对行为主体增加了“新的负担”，如果责令内容是对先前行为的弥补或修复，则不具有惩罚性。

（二）行政代履行的完善

行政代履行是强制执行的一种具体方式，其是一种补充性的手段，适用于当事人不履行行政决定，行政行为具有替代可能性时，由行政机关或者没有利害关系的第三人代为履行排除妨碍、恢复原状等义务。[③] 行政代

① 薛艳华：《环境行政命令与环境行政处罚的错位与匡正——界分基准与功能定位的视角》，《大连理工大学学报》（社会科学版）2019年第6期。

② 薛艳华：《环境行政命令与环境行政处罚的错位与匡正——界分基准与功能定位的视角》，《大连理工大学学报》（社会科学版）2019年第6期。

③ 《行政强制法》第50条：行政机关依法做出要求当事人履行排除妨碍、恢复原状等义务的行政决定，当事人逾期不履行，经催告仍不履行，其后果已经或者将危害交通安全、造成环境污染或者破坏自然资源的，行政机关可以代履行，或者委托没有利害关系的第三人代履行。

履行适用于环境保护、交通安全等领域。在我国的环境保护立法中，《水污染防治法》《湿地保护法》《固体废物污染环境防治法》《森林法》《草原法》《水土保持法》等法律均有相关规定，但是对于行政机关是否必须代履行，则规定不一，具体见表5-5。这导致实践中存在环境行政代履行的方式、代履行费用追缴路径不够明确等问题，需要从以下几个方面加以完善。

表5-5　环境立法领域代履行相关规定①

法律条文	代履行相关规定	是否必须代履行
《水污染防治法》第84条	必须代为强制拆	是
《水污染防治法》第85条	可以代为治理	否
《固体废物污染环境防治法》第108条	可以代为治理	否
《固体废物污染环境防治法》第113条	代为处置	是
《湿地保护法》第44条	代为履行	是
《土壤污染防治法》第94条	必须委托他人代为履行	是
《放射性污染防治法》第55条	必须代为处置	是
《野生动物保护法》第54条	代为捕回	是
《森林法》第81条	代为补种	是
《防洪法》第42条	代为恢复原状或者采取其他补救措施	是
《水法》第65条	强行拆除	是
《水土保持法》第56条	可以代为治理	否

1. 环境行政代履行的程序选择与完善

根据《行政强制法》，行政机关代履行三日之前，需要“催告当事人”履行，当事人履行的，停止代履行。但是，纵观各环境保护单行法的规定，均缺乏催告程序的内容，而是采用“责令改正，当事人拒不改正，有关部门代为履行”这一模式。② 实践中，环境行政代履行是否需要经过催告程序常常困扰行政机关工作人员。此问题的解决需要区分两种情

① 参见付士成、郭婧滢《行政代履行执行体系的建构——以生态环境治理领域为例》，《政法学刊》2020年第3期。作者在其基础上进行补充。

② 马识途：《环境法行政代履行探析》，《西南林业大学学报》（社会科学版）2021年第5期。

形，一是环境保护单行法明确规定了代履行，应该按照“特别法由于一般法”的基本理论，优先适用环境保护单行法律，即在水污染、固体废物污染环境、土壤污染、放射性污染、森林保护、防洪、水资源保护、水土保持等领域不需要履行催告程序。很多突发环境事故具有发生突然、扩散范围广、环境损害不可逆及污染物不够明确等特点，在此情况下，“三日”的催告程序和要求难以防范环境风险的扩大和环境危害的发生。二是环境保护单行法缺乏代履行相关规定。如《大气污染防治法》《噪声污染防治法》《渔业法》等尚未规定代履行，在此应该适用《行政强制法》的一般规定。但是催告程序的规定和环境事故的特殊性存在一定冲突，此问题的解决有待于《大气污染防治法》《噪声污染防治法》《渔业法》等立法明确规定代履行制度。

2. 环境行政代履行的两种情形

行政机关代履行存在于两种情形：一种符合《行政强制法》代履行形式要件；另一种是不符合形式要件，但却是实质上的代履行。存在确定的当事人是行政代履行实施的前提之一，但是由于环境问题具有隐蔽性、潜伏性、长期性等特点，有时会出现难以确定当事人或者当事人不复存在的情形。对于此种情形，由谁进行对生态环境公共利益的维护，如何维护等问题，法律并未明确。但是，当事人的缺失并不能阻碍对环境公共利益的维护，根据国家“保护和改善生态环境”、政府对“环境质量负责”等法律义务规定，政府应当承担起修复生态环境的义务。这虽然不符合代履行的形式要件，但政府的生态环境修复行为是一种实质上的代履行，即政府承担了本应该由当事人承担的修复责任。

3. 明确代履行费用的追偿路径

突发环境事故发生后，为防止损害的进一步扩大，行政机关常常采取清除污染、修复生态环境的行为或者委托第三方进行治理，这期间会产生治理或修复等代履行费用。上述费用如何追偿，实践中，环境行政机关常常有不同的做法，有学者分析了代履行费用追偿的几种方式，包括环境行政机关提起私益诉讼、提起生态环境损害赔偿诉讼、向人民法院申请强制执行，以及检察机关或社会组织提起公益诉讼等途径。[①]

---

① 唐绍均、康慧强：《论环境行政代履行费用追偿的淆乱与矫正》，《重庆大学学报》（社会科学版）2020年（网络首发）。

代履行费用追偿路径的确定需要结合代履行的性质和追偿成本综合考虑。

代履行属于行政强制执行，它是行政机关在行政行为中产生的应当由当事人承担的费用，因此，代履行费用性质上具有公法属性。此外，从追偿成本分析，行政机关通过做出行政决定、实施或向法院申请强制执行的方式更具有便捷性和低成本性，如果由行政机关或其他主体另行提起诉讼则会造成司法资源的浪费。因此，通过“环境行政主体向人民法院申请强制执行”这一路径追偿代履行费用①符合代履行费用的性质和法律逻辑关系，实践中也便捷宜操作。

三　司法路径：生态环境损害赔偿制度的完善

生态环境损害赔偿制度以法律责任追究的方式保障生态产品供给和价值实现。行政机关作为生态环境损害赔偿的权利人，具有启动和参与磋商、提起诉讼、委托第三方进行生态修复等职责。

2015 年，中共中央办公厅、国务院办公厅印发《生态环境损害赔偿制度改革试点方案》，山东、吉林等 7 个省开展生态环境损害赔偿试点。经过两年的探索，自 2018 年 1 月 1 日起，全国范围内试行生态环境损害赔偿制度。此后，《民法典》《生态环境损害赔偿规定》进一步丰富了生态环境损害赔偿制度法律规范和依据。该制度对于遏制损害生态环境行为，维护环境公共利益发挥了重要作用，但是结合该制度运行的实际效果分析，仍有诸多方面还需要加以完善。

（一）避免生态环境损害赔偿制度适用的泛化

基于我国有限的司法资源，以及合理界分行政执法权和司法权的边界，生态环境损害赔偿制度适用的案件应该具有后果严重性、典型性和代表性，也即造成生态环境损害的行为只有达到一定标准，行政机关才启动磋商程序。对于适用生态环境损害赔偿制度的案件，《生态环境损害赔偿方案》《生态环境损害赔偿规定》明确规定了三种类型，除了“较大、重大、特别重大突发环境事件”以及“在国家和省级主体功能区规划中划定的重点生态功能区、禁止开发区发生环境污染、生态破坏事件的”外，

① 唐绍均、康慧强：《论环境行政代履行费用追偿的淆乱与矫正》，《重庆大学学报》（社会科学版）2020 年（网络首发）。

还包括“发生其他严重影响生态环境后果的”案件。但在笔者在调研中发现，部分地区针对损害金额较少、后果并不严重的案件，如工厂堆放固体物质造成轻微的粉尘污染等也启动了磋商程序，降低了该制度的适用门槛，造成制度适用的泛化。第三类案件能否适用生态环境损害赔偿制度，需要牢牢抓住“严重后果”这个核心要求，既对生态环境的损害应当与前两类案件达到程度、后果相当时，才能够启动生态环境损害赔偿制度。

（二）优化磋商程序

根据《生态环境损害赔偿规定》，磋商是生态环境损害赔偿诉讼的前置程序。只有当行政机关“与造成生态环境损害的自然人、法人或者其他组织经磋商未达成一致或者无法进行磋商”时，才可以提起生态环境损害赔偿诉讼。磋商程序有利于促进双方主体有效沟通、节约司法资源、及时救济生态环境、维护环境公共利益，在实践中发挥了积极效果。生态环境部《关于印发生态环境损害赔偿磋商十大典型案例的通知》显示，截至 2020 年 1 月，各地共办理赔偿案件 945 件，已结案 586 件，其中以磋商方式结案的占比超过 2/3。[①] 磋商程序发挥重要功能的同时也面临性质存在争议、公众参与较少等问题，建议从以下方面加以完善。

1. 明确磋商的性质

磋商的性质，学术界存在“民事行为说”和“行政行为说”两种观点，不同的性质解读会影响磋商协议的实施效果以及与后续诉讼程序的衔接。对于磋商协议的认定要跨越“非此即彼”的认知障碍，有学者指出，可以引入德国的“双阶理论”，将磋商程序分为两个阶段：具有行政属性的做出磋商决定的阶段以及具有民事属性的磋商协议的达成和履行阶段，实现行政属性与民事属性的统一。[②]

2. 完善磋商程序中的公众参与

《生态环境损害赔偿方案》确立了“公众监督”的工作原则，鼓励社会公众参与磋商、修复等活动。但生态环境损害赔偿磋商实践中，多数案

---

① 生态环境部：《关于印发生态环境损害赔偿磋商十大典型案例的通知》，2020 年 4 月 30 日，中华人民共和国生态环境部（http://www.mee.gov.cn/xxgk2018/xxgk/xxgk06/202005/t20200506_777835.html）。

② 胡肖华、熊炜：《生态环境损害赔偿磋商的现实困境与制度完善》，《江西社会科学》2021 年第 11 期。

件并未有公众的介入。根据生态环境部公布的两批生态环境损害赔偿磋商典型案例显示，20 个典型案例中只有 4 个案件（具体见表 5-6）在磋商阶段引入了第三方参与。生态环境损害赔偿磋商程序的规范化发展需要在发挥政府主导作用的同时，完善公众参与磋商、修复等程序的相关规定，健全公众参与的平台和制度，针对危害后果严重、波及范围广、社会影响的案件，把公众参与规定为必经程序，发挥公众监督的作用。

表 5-6　生态环境损害赔偿磋商典型案例中第三方参与磋商的案例

序号	案件名称	参与磋商的第三方	磋商结果
1	贵州息烽大鹰田 2 企业非法倾倒废渣生态环境损害赔偿案	律师协会	达成赔偿协议并申请司法确认
2	上海奉贤区张某等 5 人非法倾倒垃圾生态环境损害赔偿案	人民调解委员会	达成赔偿协议并先行支付履约保证金
3	重庆市南川区某公司赤泥浆输送管道泄漏污染凤咀江生态环境损害赔偿案	检察机关、当地居委会及村民代表	达成赔偿协议并申请司法确认
4	河北省三河市某公司超标排放污水生态环境损害赔偿案	第三方调解机构	达成赔偿协议并申请司法确认

资料来源：生态环境部：《关于印发生态环境损害赔偿磋商十大典型案例的通知》，2020 年 5 月 6 日，中华人民共和国生态环境部网（http：//www. mee. gov. cn/xxgk2018/xxgk/xxgk06/202005/t20200506_777835. html）；生态环境部：《关于印发第二批生态环境损害赔偿磋商十大典型案例的通知》，2021 年 12 月 28 日，中华人民共和国生态环境部网（http：//www. mee. gov. cn/xxgk2018/xxgk/xxgk06/202112/t20211227_965379. html）。

3. 规范磋商协议的内容

《生态环境损害赔偿方案》笼统地规定了磋商的内容，包括损害事实和程度、修复启动时间和期限、赔偿的责任承担方式和期限等，《生态环境损害赔偿规定》则没有涉及磋商协议的要求。在笔者对 X 省 100 余件生态环境损害赔偿案件的调研中发现，部分赔偿协议仍存在较多问题，主要集中于履行责任方式和履行期限方面。履行方式方面，存在措施不明确的现象，有的未明确采取的具体替代修复措施，仅描述为“替代修复”，或者履行措施过为简单，内容不够细化，可操作性不强；在履行期限方面，有的规定为“尽快履行”，缺乏可操作性。此外，少数磋商协议还存在缺页乱码或者未盖章签字等问题。为促进磋商协议的规范化，需要明确磋商目标维护环境公益的客观标准，严格规范磋商协议的内容。

（三）促进生态环境损害赔偿与行政执法的衔接

生态环境损害救济有行政和司法双重途径，生态环境损害行为发生之后，政府在公共利益维护中具有双重角色，既是行政执法主体，可以实施行政处罚、行政强制等措施，又是生态环境损害赔偿的权利人，可以启动生态环境损害赔偿磋商程序，对于两者如何选择，目前的法律规范并未明确。

生态环境损害赔偿与行政执法的衔接本质上是如何处理行政权和司法权的关系。有学者认为，我国生态环境损害救济制度之间的衔接安排应当遵循“行政救济优先于司法救济”的基本原则，确立行政执法的优先性，确立“先行后民”的检察公益诉讼衔接模式。① 因此，优先适用公法机制进行生态环境损害救济，只有当公法救济机制不能发挥作用时才采用私法救济的模式。②

与司法救济途径相比，行政救济具有主动性、便捷性、稳定性和预防性的特点，在生态环境损害救济中应该优先适用。对于一般性的违法行为，宜采用行政执法手段进行规范；对于发生在特定区域或造成严重后果的案件才能适用生态环境损害赔偿制度。当然，两者也有密切的联系，行政处罚常常成为生态环境损害赔偿案件的案件线索来源。

第四节　生态产品价值实现的激励机制

生态产品价值的实现既需要加强对生态环境损害行为的追责，也应当构建激励生态产品供给、交易的方式，形成约束与激励并存的制度体系。

一　树立“利益增进与补偿”的理念

我国环境法通过规定环境资源利用者的法律义务和责任形成了生态利益保护的基本格局，这主要是一种被动的生态利益保护思路，即在生态利益遭到损耗后采取各种救济措施加以弥补。在日益严重的环境损害面前，“利益损耗与救济”必不可少，但许多生态利益损耗后具有不可逆性，即使再完美的救济制度也于事无补。因此，需要我们在减少对生态利益损耗的同时，积极促进生态利益的增进和维护。

① 吕梦醒：《生态环境损害多元救济机制之衔接研究》，《比较法研究》2021 年第 1 期。

② 刘静：《论生态损害救济的模式选择》，《中国法学》2019 年第 5 期。

"法律对生态利益调整的意义，是通过相关的制度设计，规制人的行为，激励增进生态利益的正向行为，抑制减损生态利益的负向行为。"[①] 这需要我们创设多种类型的环境法律规则，增强对生态产品保护、养护、修复行为的激励，从环境问题的被动、消极应对转变为生态环境的积极保护和改善，增强生态产品供给，实现生态利益的维护和增进。生态产品具有公共性和外溢性，企业、社会团体以及个人进行生态保护和改善的过程中，产生的生态利益并非由他们独享，而是形成生态利益的共享，出现各种"搭便车"现象。对于生态产品供给者而言，生态利益的外溢有悖公平和正义，如果得不到合理解决将有损他们的积极性，因此，法律应该设置各种制度和措施对他们进行补偿。

二　确立"增益受偿"基本原则

增强生态产品供给需要我们积极回馈自然，促进生态养护、生态修复等环境正外部性行为，促进生态利益的有效维护。目前的环境法律，对于环境养护、生态修复等扩大生态产品"增量"的环境正外部性行为，存在促进和激励不足的弊端。因此，如何调动社会积极性、扩大生态产品"增量"成为当前环境法制建设中的重要问题。虽然我国环境立法确立了"损害担责"与"受益补偿"的基本原则和制度，但在激励社会公众参与生态产品供给方面仍然存在一定不足，应该确立"增益受偿"的基本原则并将其制度化。

"增益受偿"是指自然人、法人或其他组织，以契约或实际占有并施以具体行为的方式，对严重污染、损毁或可能遭受严重破坏、危害生存的生态环境进行投资、治理、养护和修复，使生态环境得到保护或改善，经确认、评估或交易享有获得相应报酬或其他经济利益的权利。[②] 该原则通过授予增益者权利的方式确认和保障增益者的利益，鼓励社会公众对生态环境的积极保护和改善。

生态产品供给行为是一种"增益"行为，是一种有利于生态环境利益维护的积极行为，是具体存在的事实行为，具有"正当性"和"公益性"。"增益受偿"是"养护""修复""供给"生态产品等增益行为与

① 史玉成：《生态利益衡平：原理、进路与展开》，《政法论坛》2014 年第 2 期。

② 张怡：《创建"养护者受益"环保法基本原则》，《现代法学》2005 年第 6 期。

"受益""受偿"权利的有机结合。在进行生态产品"养护""修复""供给"的过程中，增益者支付了一定的成本或付出了一定的代价，而产生的生态利益被其他主体共同享有，因此，增益者有权利获得利益或好处，享有一定的报酬请求权或补偿请求权。

三 完善环境法的激励方式

我国环境立法中并不缺乏激励措施和激励制度《环境保护法》第11条规定："对保护和改善环境有显著成绩的单位和个人，由人民政府给予奖励。"《水污染防治法》《固体废物污染环境防治法》等法律也有类似的规定。《清洁生产促进法》《循环经济促进法》是我国环境立法中仅有的两部在法律名称中明确使用"促进"等激励性词语的法律，不但明确宣布其立法宗旨是"促进清洁生产""促进循环经济发展"，还设立专章规定资金支持、税收优惠、信贷支持、价格政策等各种激励措施，通过促进、鼓励而非强制的方式推行清洁生产、发展循环经济。

但总体而言，我国环境法的激励机制尚处于初步发展阶段，在适用中存在如下弊端。首先，许多激励性条款规定的过于原则和抽象，缺乏具体的实施措施和制度，在执行中往往成为具有"摆设性"的条款，无法为生态产品供给者提供有效的法律保护和激励。其次，目前的激励措施主要限于经济手段，对于授权式激励方式应用较少。最后，目前的激励措施和制度主要针对部分企业行为，难以调动其他社会主体的积极性，作用有限。

环境法的激励机制在适用范围、激励方式等方面急需改进和完善。激励措施是一种使人"向上""向善"的激励方式，是对环境正外部性行为的鼓励和促进。激励不等于经济激励，经济激励仅仅是激励的一种，激励还包括权利授予、专项资金、精神奖励、信息技术支持等多种方式。可通过市场优先准入、林权改革等方式，激励企业和社会公众参与到环境养护和生态修复中，如福建省开展林权改革，通过林权抵押，解决了林农贷款难、担保难等问题。[①] 对于各种生态产品、绿色产品可给予价格补贴或优惠，建立政府绿色采购制度。无论哪种激励方式，都不应该被动地等待或依靠获益者的"补偿"，而是赋予增益者利益确认和实现的法律保障。

---

① 马永欢、吴初国、曹庭语、汤文豪、孔登魁、丁问微：《对我国生态产品价值实现机制的基本思考》，《环境保护》2020 年第 Z1 期。

第六章　生态产品政府责任的问责机制

生态产品政府责任的问责机制是政府责任实现的重要保障。按照问责主体和问责对象的关系，可以分为同体问责与异体问责。同体问责强调的是行政系统内部的监督，异体问责侧重于行政系统外部对行政系统的监督和规制。完善生态产品政府责任，需要从同体问责和异体问责两个方面着手。

政府责任主要是一种法律责任，对生态产品政府责任问责机制的探讨以司法机关的法律问责和行政机关的行政问责为主。我国近年来实施的环境保护督察、党政同责和环境公益诉讼等制度对于督促党委和政府履行环境保护职责、增强生态产品供给和维护发挥了重要作用。因此，本章着重对上述制度进行分析。

第一节　政府问责机制概述

我国环境保护立法在“督企”和“督政”之间呈现出“顾此失彼”的问题，对于污染者的责任追究不但有“损害担责”等基本原则的规定，还有详细的法律责任条款，如《环境保护法》第59—63条均涉及企业法律责任。但是，对于政府尤其是党政领导干部的责任追究力度较弱。生态环境的持续恶化是污染者的排污行为和党政领导干部的决策失误等原因共同造成的，因此，在加强污染者责任追究的同时，还需要通过制度规范明确各级党政领导干部的责任追究。近年来，我国通过实施环境保护督察、党政同责等制度加强对党政干部的责任追究，这是落实生态文明体制改革的重要体现，也是增强生态产品供给能力、促进环境法有效实施的重要保障。

根据我国法律规定，对行政机关的监督包括行政系统外监督和行政系统内监督两种类型。行政系统外监督是指由行政机关之外的有关监督主体对行政机关及其公务人员进行监督，主要包括：党的监督、人大监督、政协监督、司法监督和社会监督等；行政系统内监督是指由行政机关之内的有关监督主体对行政机关及其公务人员进行监督，例如，行政监察、行政审计、行政复议、行政督察、上级行政机关对下级行政机关的监督等。[①] 具体关系如图 6-1[②] 所示。

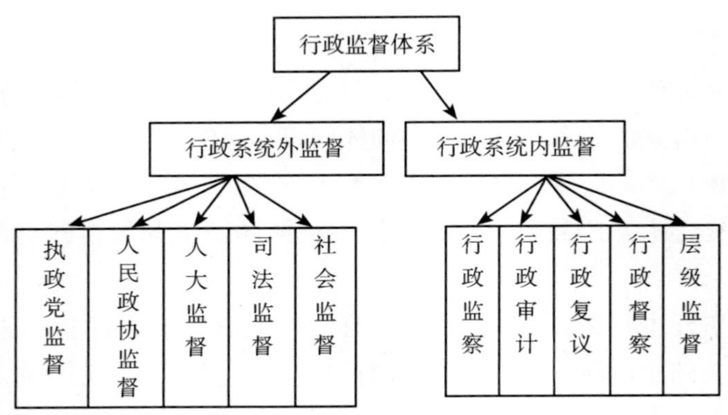

图 6-1 行政监督体系

“问责”是“监督”的具体化。从问责主体分析，主要包括：立法机关的政治问责，如人大质询、罢免等；司法机关的法律问责，如行政诉讼、检察监督等；行政机关的行政问责，如行政处分；社会公众的问责等。按照问责主体和问责对象的关系，可以分为同体问责与异体问责两种模式。行政系统内部上级机关对下级机关及其领导人的问责是一种同体问责；与同体问责相对的是异体问责，即行政机关之外的主体对行政机关及其领导人的问责，如人大问责、司法问责、公民问责等。[③] 同体问责强调的是行政系统内部的监督，异体问责侧重于行政系统外部对行政系统的监督和规制。完善生态产品政府责任，需要从同体问责和异体问责两个方面

---

① 唐璨：《行政督察是我国行政监督的重要新方式——以土地督察和环保督察为例》，《安徽行政学院学报》2010 年第 4 期。

② 唐璨：《行政督察是我国行政监督的重要新方式——以土地督察和环保督察为例》，《安徽行政学院学报》2010 年第 4 期。

③ 梁忠：《从问责政府到党政同责——中国环境问责的演变与反思》，《中国矿业大学学报》（社会科学版）2018 年第 1 期。

着手。

我国已经形成了对政府问责的制度体系。2013 年，《中共中央关于全面深化改革若干重大问题的决定》明确提出，要建立生态环境损害责任终身追究制度。2015 年，党内法规《党政领导干部生态环境损害责任追究办法（试行）》出台，规定了党政领导干部、党委和政府领导成员责任追究的情形和形式。2017 年，《行政诉讼法》增加了环境行政公益诉讼制度，对于行政机关违法行使职权或者不作为，致使国家利益或者社会公共利益受到侵害的行为，检察机关可以提起环境行政公益诉讼。这些制度涵盖了同体问责与异体问责两种模式，实现了对政府机关、政府工作人员责任的追究，对于规范政府行为、督促政府履行职责、防范政府不作为和乱作为发挥了重要作用。但总体而言，我国现行法律对于政府责任追究的规定仍十分薄弱。

第二节　同体问责机制的优化——以环境保护督察和党政同责制度为例

同体问责强调的是行政系统内部的监督。我国行政系统内部的监督涵盖了上级行政机关对下级行政机关、专门行政监督机关对一般行政机关以及行政机关对公务人员的监督。在上述监督方式中，我国近年来实施的环境保护督察和党政同责制度对于督促党委和政府责任履行环境保护职责、增强生态产品供给和维护发挥了重要作用。

一　政府行政责任的法律依据

我国环境保护法律法规明确规定了政府的环境保护职责，当政府未能正确履行保护环境职责时，则需要承担相应的法律责任。对于政府责任的追究，我国环境立法经历了从“简”入“繁”、由“粗”入“细”的发展阶段。1989 年的《环境保护法》对于政府责任追究的规定较为简单，仅用一个条款同时规定了政府的行政责任和法律责任。[①] 2006 年，国家监察部与原国家环境保护总局联合出台的部门规章《环境保护违法违纪行

① 《环境保护法》第 45 条规定：环境保护监督管理人员滥用职权、玩忽职守、徇私舞弊的，由其所在单位或者上级主管机关给予行政处分；构成犯罪的，依法追究刑事责任。

为处分暂行规定》规定，国家行政机关及其工作人员存在环境保护违法违纪行为的，将受到严格的责任追究和处分。2014 年修订的《环境保护法》把强化政府责任追究作为一项重要内容，并把 1989 年《环境保护法》中的一个条款进行了细化，第 68 条规定了各级人民政府、环境保护主管部门和其他监管部门工作人员有可能被追究行政责任的 8 种情形，以及 1 个兜底条款即“法律法规规定的其他违法行为”。如果违反上述规定，工作人员可能面临记过、记大过、降级、撤职甚至开除等处分，主要负责人还应当引咎辞职。此外，《水污染防治法》《大气污染防治法》等环境保护单行法律也有类似的规定。与《环境保护法》的列举式规定相比，《水污染防治法》《大气污染防治法》等法律规定得较为抽象。①

上述规定也暴露出目前法律在责任追究方面的缺陷所在，目前法律规定追责的对象主要是“地方各级人民政府、县级以上人民政府环境保护主管部门和其他负有环境保护监督管理职责的部门”中“直接负责的主管人员和其他直接责任人员”，对于在实际决策中起着重要决定作用的地方党委及其成员，并没有相应的责任追究机制。我国近年来实施的环境保护督察和党政同责制度有助于对党委与政府责任的追究。

二 环境保护督察制度的建立与完善

环境保护督察（以下简称为“环保督察”）是在我国生态危机日益严重、政府“不作为”“乱作为”成为环境问题持续恶化主因的情况下进行的制度设计，既能促进中央政府对区域性环境污染问题的治理，也有利于督促地方政府履行环境保护职责。“督察”意味着监督、督促和监察，它以规范和约束政府行为作为主要目的，体现出权力对权力的监督和制约。我国环保督察制度经历了从“督企”到“督政”，再到“党政同责”“一岗双责”的中央环保督察之演变历程，在督促地方党委、政府履行环境保护职责、解决重大环境问题上取得了较大成效。②

目前，我国环保督察制度主要包含三类督察类型：环境监管及区域环

① 《水污染防治法》《大气污染防治法》主要就地方各级人民政府、县级以上人民政府环境保护主管部门和其他负有环境保护监督管理职责的部门及其工作人员在工作中滥用职权、玩忽职守、徇私舞弊、弄虚作假等行为规定了依法给予处分。

② 陈海嵩：《环保督察制度法治化：定位、困境及其出路》，《法学评论》2017 年第 3 期。

保督查、环保综合督查、中央环保督察。其中，中央环保督察的对象主要是各省级党委和政府及其有关部门、部分地市级党委和政府的领导干部，这是完善党委、政府责任的有效尝试。2015 年 7 月，中央全面深化改革领导小组第十四次会议审议通过的《环境保护督察方案（试行）》，明确建立了环保督察机制。由原环保部牵头成立的中央环保督察组 2016 年 1 月在河北省开展试点工作。2016 年 7 月，第一批中央环境保护督察组进驻内蒙古、黑龙江等 8 个省（自治区）开展环保督察工作，这标志着中央环境保护督察工作正式拉开帷幕。截至 2018 年 1 月 3 日，第一轮中央环保督察已经完成了对 31 省（区、市）的督察意见反馈，在第一轮中央环保督察中，立案侦查 1518 件，拘留 1527 人，约谈党政领导干部 18448 人，问责 18199 人，[①] 其中不乏对党政"一把手"的处分。2019 年，中央环保督察组在全国范围内开展第二轮中央环保督察，截至 2021 年 9 月 30 日，第二轮中央环保督察组已全部实现督察进驻。

环保督察的实施是夯实环保党政同责机制的重要手段，在我国生态保护中发挥了重要作用，但作为一种"新生事物"，其在运行过程中也存在诸多问题，因此，需要在以下几个方面加以完善。

（一）明确环保督察的法律依据

根据行政法的基本原理和要求，行政督察的权力应当有法律或行政法法规的明确授权。我国《环境保护法》没有涉及中央环保督察的相关规定，中央环保督察的依据主要是《环境保护督察方案（试行）》（2015）、《中央生态环境保护督察工作规定》（2019）及配套规定《生态环境保护专项督察办法》（2021）。《环境保护督察方案（试行）》首次以中央文件形式提出"党政同责"概念，该方案由中共中央办公厅、国务院办公厅联合发文，应当具有"党内规范"和"行政规范"的双重属性。但是，从其名称分析，该方案不属于具有正式规范效力的"党内法规"和"行政法规"，而是属于最低档次的"党内规范性文件"以及"行政规范性文件"。[②] 虽然在实践中，上述规定可能具有较强的适用性和约束力，《中央生态环境保护督察工作规定》作为党内法规在环保督察中发挥了重要作用，但由于国家立法属性的不足，难以为中央环保督察提供明确的法

---

① 郄建荣：《环保党政同责实现制度"破冰"》，《法制日报》2018 年 1 月 10 日第 5 版。

② 陈海嵩：《环保督察制度法治化：定位、困境及其出路》，《法学评论》2017 年第 3 期。

律依据，从而使目前的中央环保督察具有“运动型”治理方式的特点。因此，急需加强环保督察的相关立法，可以在环保督察实践经验的基础上，起草制定《国家环境保护督察条例》，明确立法目的、基本原则、机构设置、督察人员、督察职能、督察程序、督察措施、法律责任等具体内容。制定相配套的实施办法和规范性文件，形成完善的环保督察法律法规制度体系。此外，还需要完善环保督察的党内立法，明确指导思想、督察组织、督察内容、督察实施、工作措施等内容，制定更为严格的问责规定。[①]

（二）加强省级环保督察的针对性

我国环保督察的主体既包括中央环保督察对各省（直辖市、自治区）的督察，也包括各地省级环保督察对地市级的督察。中央环保督察是在全国范围内进行，督察对象主要是省一级党委、政府，涉及地市级政府较少。省级督察主要以监督地市级政府为主，通过省级督察的开展，补足中央督察的“洼地”，促使地、市、州等基层党委、政府的生态环保责任落到实处。但目前省级督察定位不够明确，存在对中央督察简单复制、督察趋同化、督察规范化不强等问题。省级督察应该是中央生态环保督察的延伸和补充。[②] 由于省级督察和中央督察的对象有明显区别，两者的督察方式也应该有所区别，省级督察应针对地市级工作特点，以督事、督企实现督政。[③] 与中央督察的“宏观”相比，省级督察更加细致化、更具有针对性。目前省级督察主要是针对典型与突出环境问题采取的“非常态”的督察，需要进一步增强省级督察的规范化和常态化建设，针对地市级政府面临的重要环境问题，切实发挥省级政府的督察作用。

（三）加强对“督察者”的监督

保障“督察者”权力的同时也需要加强对“督察者”的监督，以防范其权力的扩张和滥用，在环保督察过程中，“督察者”滥用权力的问题并不鲜见。据媒体报道，2017 年，云南省环境保护厅组织对丽江市进行环保督察期间，省环保督察丽江组存在工作餐标准严重超标、未缴纳个人

① 陈海嵩：《强化环保督察制度的法治保障》，《学习时报》2017 年 12 月 18 日第 3 版。

② 徐敏云：《优化省级生态环保督察机制　提升省级生态环保督察能力》，《中国环境监察》2019 年第 12 期。

③ 贺震：《省级环保督察应增强针对性》，《中国环境报》2018 年 2 月 2 日第 3 版。

费用等问题。[①] 因此，急需加强对“督察者”的监督，这种监督不仅需要依靠党的纪律规范，更应该实现“督察者”监督的法制化。

三　党政同责制度的建立与改进

党政同责最先适用于安全生产领域，由于其具有严厉性、威慑性、适用效果良好等特点，其适用范围逐渐扩大到环境保护领域。[②] 目前我国环境保护立法并没有规定党委及其成员关于生态环境保护的具体职责，但在实践中，党委处于领导地位，其对环境保护工作享有决策权，政府的很多决定往往是党委的决定，因此，要抓住环境保护工作的“牛鼻子”，需要在加强政府环境责任追究的同时，加快建立对于党委的问责机制，加强党政同责制度的顶层设计，实现党政同责制度的法制化。

我国国家立法并未有法律法规涉及党委在生态环境保护方面的责任。“党政同责”主要是来源于各种规范性文件，包括《环境保护督察方案（试行）》《党政领导干部生态环境损害责任追究办法（试行）》《领导干部自然资源资产离任审计规定（试行）》《生态文明建设目标评价考核办法》等。2015 年，中共中央办公厅、国务院办公厅印发的《党政领导干部生态环境损害责任追究办法（试行)》（以下简称为《责任追究办法》）首次对追究党政领导干部生态环境损害责任做出制度性安排，即“地方各级党委和政府对本地区生态环境和资源保护负总责”，明确将党委及其领导成员作为问责对象。《责任追究办法》将各级党委和政府并列在一起，详细规定了各级党委和政府领导干部的问责事由、问责主体、问责程序、责任形式等，突出了环保工作的“党政同责”“一岗双责”。通过上述规定，让地方党委、政府负责人头顶高悬“达摩克利斯之剑”，能够有效督促地方党委对本行政区域的环境质量切实负起责任。

① 杨富东：《云南省纪委省监委通报省环保督察工作中接受和安排超标准接待等问题问责情况》，《云南日报》2018 年 9 月 7 日。

② 2013 年 11 月 24 日，习近平总书记在青岛指导输油管线爆燃事故抢险工作时强调，“要抓紧建立健全党政同责、一岗双责、齐抓共管的安全生产责任体系，建立健全最严格的安全生产制度”。党政同责在我国开始提出。2015 年 8 月，针对天津港口爆炸事故，习近平总书记就安全生产和环境保护工作提出要“党政同责、一岗双责、失职追责”，在环保界产生巨大的反响。转引自常纪文《党政同责、一岗双责、失职追责：环境保护的重大体制、制度和机制创新——〈党政领导干部生态环境损害责任追究办法（试行）〉之解读》，《环境保护》2015 年第 21 期。

党政同责的提出与适用是完善环保监管体制和生态文明体制改革的重要内容，它体现了国家对环境保护的高度重视和遏制环境恶化的坚定决心。党政同责的实施有利于把环境保护的直接领导责任拓展到党委部门，实现追责对象的广泛化和追责效果的有效性。但是，该制度在实施过程中也出现诸多弊端，需要加以完善。

（一）厘清党政同责的含义

探讨党政同责，需要从语义学的角度分析其基本含义。“党政同责”由“党政”和“同责”两个核心词语构成，明晰这两个核心词语的含义能帮助我们理解“党政同责”的含义。（1）“党政”是“党和政府”的简称，一般而言，“党政”指的是中央和地方各级党委和政府，地方各级党委和政府包括从省级到乡镇级的党政机关。从《责任追究办法》的适用对象分析，其把乡镇级党委纳入追责对象，[①] 因此，在环境保护领域，“党政同责”的适用人员范围包括了中央和国家机关有关工作部门领导成员、县级以上地方各级党委和政府及其有关工作部门的领导成员以及乡（镇、街道）党政领导成员。（2）从语义上分析，“同责”有两重含义：一是指在分配职责时的“同有职责”，即党委和政府都有保护环境的基本职责；二是指违反职责时的“同要担责”，但“同要担责”并非指党委和政府承担“相同”的责任，而是意味着两者在环境保护监督管理方面“共同”承担责任、都要承担责任。本书侧重于论述党委和政府违反职责时责任承担的问题。

（二）强化党政同责的适用依据

目前，涉及党政同责的规范性文件主要是各种“办法”“方案”“规定”，法律效力并不高，在国家立法体系中属于行政规范性文件，在党内法规体系中部分属于党内法规，部分还属于党内规范性文件。[②] 例如，《责任追究办法》由党的中央机关和国务院机关联合发布，以“办法”而非“意见”“通知”等形式出现，按照《中国共产党党内法规制定条例》的规定，属于党内法规；按照《立法法》的规定，属于规章性文件。根

① 《责任追究办法》第 16 条规定：乡（镇、街道）党政领导成员的生态环境损害责任追究，参照本办法有关规定执行。

② 杜群、杜殿虎：《生态环境保护党政同责制度的适用与完善——祁连山自然保护区生态破坏案引发的思考》，《环境保护》2018 年第 6 期。

据该办法第1条规定的“根据有关党内法规和国家法律法规，制定本办法”，可以看出其混合属性、具有强制实施力。

党政同责的贯彻实施需要党规、国法的“同步”规范。首先，国家立法难以规范党委的职责，需要加强党内立法，制定专门的环境保护党内法规，通过党内立法明确党委职责。关于党委环境保护职责的规定主要见于党内法规。《中国共产党章程》提出，“中国共产党领导人民建设社会主义生态文明”，但党委的环境保护职责并不具体。需要加强党内立法，尤其是发挥党内立法规定地方各级党委主要负责人的环保责任，强化地方各级党委在环保领域的领导和监管责任则显得尤为重要。[①] 其次，进行较高层级的党政联合立法。为了弥补党政同责的法律地位较低的问题，可以对现有中办和国办联合发布的生态环境保护类的法规文件进行修改、完善、整合，强化党政同责制度在行政法规中的地位。随着党和国家机构改革的推进，将来可考虑在全国人大制定的法律中明确党和政府的生态环境保护职权和责任。[②] 除此之外，党内法规要做好与环境保护法律法规中已有制度，例如，生态境评价考核制度等的衔接。

（三）明晰党政职责属性

按照公共行政“权责一致”的基本理念，对于党委责任追究的前提是明确其职责。党政“同责”首先体现在分配职责时的“同有职责”，但是，“同有职责”并非相同的职责。根据我国法律规定，党委和政府在环境保护方面承担的职责内容和方式具有一定区别。《环境保护法》规定了政府的职责主要是“监管责任”；对于党委的责任，《宪法》《环境保护法》等法律都没有涉及。按照宪法和党章的要求，各级党委的环境保护职责实际上是党委把握全局的领导责任，即组织领导、方向领导和思想领导责任。[③] 而各级政府的职责主要是具体执行党委的决议、落实上级政府安排的环保任务等，与党委职责相比，政府的职责更加具体化。

① 任恒：《我国环境问责制度建设中的“党政同责”理念探析》，《北京工业大学学报》（社会科学版）2018年第2期。

② 杜群、杜殿虎：《生态环境保护党政同责制度的适用与完善——祁连山自然保护区生态破坏案引发的思考》，《环境保护》2018年第6期。

③ 常纪文：《明确责任分配是党政同责的基础保障》，《中国环境报》2015年1月28日第2版。

（四）合理分配党政责任

对于政府在环境保护方面的职责和违反职责的责任，法律规定得比较明确。《宪法》从国家根本法的角度规定了“国家保护和改善生活环境和生态环境，防治污染和其他公害”的内容，《环境保护法》既规定了政府及相关部门的环境监管职责，[①] 又在第68条规定了各级人民政府、环境保护主管部门和其他监管部门工作人员被追究行政责任的8种具体情形。相比之下，目前并未有法律法规涉及党委在生态环境保护方面的责任，关于党委环境保护职责的规定主要见于党内法规。例如，《中国共产党章程》从宏观角度指出了“中国共产党领导人民建设社会主义生态文明”，具体的环境保护职责并不明确；《责任追究办法》也仅仅规定了“地方各级党委和政府对本地区生态环境和资源保护负总责，党委和政府主要领导成员承担主要责任，其他有关领导成员在职责范围内承担相应责任”，对于责任内容不够具体。党政同责的落实需要进一步明确党委在环境保护方面的职责。党委在环境保护的职责应该包括：生态环境保护目标的完成、生态环境保护大政方针的制定、生态环境保护思想理念的宣传引领、环保型干部的组织人事安排以及重大生态环境问题的处理等方面。[②] 此外，在合理区分和分配党委和政府各自责任的基础之上，还需要进一步明确党委和政府的环境保护责任清单，并根据责任清单进行相应的监督考核以及责任追究。虽然对于党委和政府责任的追究要一视同仁，《责任追究办法》在规定追责事由时进行了合并规定，[③] 但基于党委和政府在环境保护方面的职责具有一定区别，两者的问责事由也应该有所区分。

（五）加强外部监督

党政同责包含对党委和政府两个主体的问责，无论是对党委的问责还

① 第6条规定：地方各级人民政府应当对本行政区域的环境质量负责。第10条规定：国务院环境保护主管部门，对全国环境保护工作实施统一监督管理；县级以上地方人民政府环境保护主管部门，对本行政区域环境保护工作实施统一监督管理。

② 杜群、杜殿虎：《生态环境保护党政同责制度的适用与完善——祁连山自然保护区生态破坏案引发的思考》，《环境保护》2018年第6期。

③ 《责任追究办法》第5、6条均规定：有下列情形之一的，应当追究相关地方党委和政府主要领导成员的责任。可见，对于党委和政府追责的具体情形并没有做出区分。

是对政府的问责，其本质都是一种同体问责。[①] 党政同责制度实施以来，发挥了有效的震慑作用，但是同体问责本身也可能存在问责不够全面、不够彻底等内在缺陷。因此，需要加强党政同责的外部监督机制。《中国共产党党内监督条例》第37条明确规定：各级党委应当支持和保证同级人大、政府、监察机关、司法机关等对国家机关及公职人员依法进行监督。强化人大、司法机关、社会公众对党委和政府的监督，需要构建多元化的责任追责机制。例如，促进环保督察制度的常态化、实现党政同责与生态环境评价考核制度的有效衔接，建立纪委与政府工作部门、司法机关双向互动的追责联动机制。[②] 同时，加强信息公开，促进监督结果的公开化和透明化。

地方政府在环境保护领域接受人大监督有明确的法律依据。《环境保护法》第27条规定县级以上人民政府每年向人大或人大常委会汇报环境保护工作完成情况，对发生重大环境事件的，还应当专项报告，依法接受监督。根据我国《宪法》规定，人大是国家权力机构，政府由人大产生，并向人大负责。人大可以通过听取和审议政府工作汇报、质询和询问、视察、检查和调查等方式对政府进行监督和问责，各级人大有权罢免由其选举或决定任命的政府官员。[③]

在外部监督中，司法机关的监督具有程序性、强制性、公平性等优势，通过法院和检察机关的审判、检察职能，有效监督党委和政府，促进依法行政。因此，将在下文中以环境行政公益诉讼为例，分析外部问责机制的完善。

---

① 对于政府而言，由党委主导的问责在形式上可以视为一种异体问责。但是，政府行为往往是由党委进行决策，政府负责执行，党委政府之间的这种一体性使得由党委进行的问责在本质上仍然是一种同体问责。对于党委责任的追究而言，党政同责则是不折不扣的同体问责。转引自梁忠《从问责政府到党政同责——中国环境问责的演变与反思》，《中国矿业大学学报》（社会科学版）2018年第1期。

② 杜群、杜殿虎：《生态环境保护党政同责制度的适用与完善——祁连山自然保护区生态破坏案引发的思考》，《环境保护》2018年第6期。

③ 梁忠：《从问责政府到党政同责——中国环境问责的演变与反思》，《中国矿业大学学报》（社会科学版）2018年第1期。

第三节　异体问责机制的完善
——以人大监督和环境行政公益诉讼制度为例

根据我国法律规定，对政府及其领导干部进行责任追究除通过政府本身的责任追究机制进行外，还可以通过人大和司法机关进行责任追究。这是来自行政系统外部的监督，本书称为异体问责机制。异体问责包括：人大问责、司法问责、公民问责、政协问责等。本书主要以人大监督和环境行政公益诉讼为例分析异体问责机制的完善。

一　人大监督机制的完善

（一）人大监督的法律依据及方式

人大是我国国家权力机关，其有权对国家行政机关、司法机关进行监督。监督权是宪法和法律赋予地方各级人大及其常委会的一项重要职权。在我国，人大对政府的监督有着明确的法律依据，《宪法》《地方各级人民代表大会和地方各级人民政府组织法》《各级人民代表大会常务委员会监督法》《环境保护法》等法律都规定了人大对于政府履职的监督。从现行法律规定来看，人大对政府环境执法监督的方式主要有：开展执法检查，听取和审议政府工作报告以及环保专项报告，对政府首长或政府环保部门有关负责人提出询问，对政府或其环保部门提出质询案，撤销同级政府有关环保方面不适当的文件等。①

（二）人大监督存在的问题剖析

人大对政府的监督是我国政府监督机制中的重要组成部分，对于督促政府依法行政发挥了重要作用。但多年的实践显示，监督不力成为地方各级人大在依法履行职权中凸显的问题：

1. 人大监督力量比较薄弱

人大的工作方式主要是会议制度，目前并没有专门的监督机构和监督人员，部分人大常委会委员、人大代表缺乏监督的专业知识和技能。

---

① 李雷、杜波：《人大监督政府环境执法制度优化路径的选择》，《山东社会科学》2017 年第 9 期。

2. 监督积极性不高

有的人大代表对监督工作缺乏重视和敬畏，有的人大代表在监督过程中较为被动，缺乏发现问题的积极性。根据法律规定，我国人大代表“不脱离各自的生产和工作”，也即人大代表都是兼职的，这便存在人大代表角色冲突的可能性，影响监督效果。有些人大代表不但不履行监督职责，反而阻碍政府执法活动。2015 年，洪湖市一名市级人大常委会委员因阻拦执法及殴打环保执法人员，被罢免职务，① 而该名人大代表本身也是企业负责人。

3. 监督权威性不够

根据我国《宪法》规定，政府由人大产生、对人大负责，并受到人大的监督。政府应当对人大负责，这个“责”就是执行人大制定的法律和决定。但是，对于政府没有执行或没有完全执行法律和决定的行为，宪法和法律都没有规定相应的责任，更没有适当的责任追究程序，这就导致人大的监督往往流于形式，很难起到应有的威慑力量，② 人大常常被称为“橡皮图章”。尽管《环境保护法》规定了政府应当每年向人大汇报环境保护工作，但经调查统计发现，在该法实施后的第二年，有近一半省政府并未依照《环境保护法》在当年向地方人大作报告。③

4. 刚性监督手段运用不足

从人大监督的实际情况看，其应用较多的是听取报告、视察等软性监督手段，对于质询、撤职、罢免等刚性监督手段应用较少。早在 2000 年，广东省就发生过轰动全国的人大质询环保局案件，但是，过去的二十余年里，广东省再未有类似环境质询案件发生，其他省份也较为少见。

（三）人大监督机制的完善

作为我国监督体系中的重要方式，人大对政府的监督可以从以下几个方面加以完善。

① 俞俭、梁建强：《湖北一市级人大常委会委员殴打环保执法者被免职》，2016 年 2 月 13 日，新华网（http：//www. xinhuanet. com/local/2016-02/13/c_1118026722. htm）。

② 李雷、杜波：《人大监督政府环境执法制度优化路径的选择》，《山东社会科学》2017 年第 9 期。

③ 《监督方式三合一　云南开先例　政府报告交人大打分》，《南方都市报》2017 年 8 月 13 日。

1. 完善信息公开、借助辅助性机构，增强人大监督力量

首先，要增强信息公开。人大有效监督的前提是充分了解相关信息，尤其是政府的执法信息，需要充分保障人大查阅执法卷宗、执法记录等权力，形成畅通的信息获取渠道。其次，借助于社会服务机构力量。受制于专业知识、专业技能等因素的影响，人大代表监督力量比较薄弱。社会分工的细致化使得各个行业之间更容易出现专业上的“鸿沟”，人大代表并非全才，尤其是某些技术性或专业性比较强的领域，人大代表需要具备一定的知识储备、技能储备才能提出更具有针对性的建议，因此，为提高人大监督的针对性和有效性，可以借助于社会服务机构的力量，例如，“在预算审查监督、环境保护、节能减排、安全生产等监督中，完全可以聘请专业团队，增强保障力量，增强监督实效”①。

2. 完善政府工作报告制度

《环境保护法》规定了政府在两个方面的汇报制度，除进行环境状况和环境保护目标完成情况的汇报外，发生重大环境事件时还应当及时向人大常委会报告。但是，该法对于报告的具体要求、评判标准、程序等内容并没有涉及。一般情况下，政府报告内容往往都是由政府自主进行选择，其在选择过程中必然会“趋利避害”，影响到报告的客观性。因此，需要对政府报告提出具体规格要求，不符合规定的要求限期整改，否则视为报告不合格。② 对于重大环境事件的报告，需要明确报告的具体时限、后续报告等要求。

3. 健全问责，形成问责常态化机制

在实体上规定接受人大监督的主体有哪些，其具体义务是什么、责任承担方式有哪些，同时，追责程序也需要明确具体。

政府工作人员不作为、乱作为损害环境公共利益的情形大量存在，规范和约束政府行为成为我国环境法治建设中的重要任务。对于政府工作人员法律责任的追究，主要包括两个方面：对于违法犯罪行为，需要追究其刑事责任；对于一般的违法行为，可以通过环境公益诉讼等制度予以规范。

---

① 单文：《关于加强人大监督的思考》，《中国党政干部论坛》2014 年第 9 期。

② 李雷、杜波：《人大监督政府环境执法制度优化路径的选择》，《山东社会科学》2017 年第 9 期。

二　环境行政公益诉讼的意义与类型

（一）环境行政公益诉讼的意义

环境公益诉讼是以维护国家利益和环境公共利益为目的的诉讼制度。按照诉讼性质和对象的不同，可以分为环境民事公益诉讼和环境行政公益诉讼。目前司法实践中，行政公益诉讼占了较大数量和比例，行政公益诉讼成为公益诉讼发展的主要方向。

环境行政公益诉讼是有效监督行政机关依法履职的重要司法手段，其适用的基本前提是环境行政机关不作为或乱作为导致国家利益和社会公共利益（以下简称为“两益”）受到侵害。从理论上分析，环境行政公益诉讼的起诉主体可以包括社会组织、检察机关等。但在我国法律规定和司法实践中，检察机关成为得到法律认可的提起环境行政公益诉讼的唯一主体。

检察机关参与和提起公益诉讼已经在美国、英国、日本等国家立法和司法中得到确认和实践。在环境资源屡遭破坏、国有资产频频流失、食品药品安全事件层出不穷的现实背景下，赋予检察机关提起行政公益诉讼的权限具有重要意义。

1. 开启了检察机关提起公益诉讼的新模式

所谓“新模式”主要体现在两个方面：（1）该类案件不是传统意义上的“民告官”，而是一个“官告官”案件，这意味着检察机关对行政机关有更强的抗衡能力。（2）“新”体现在检察机关不是以督促起诉、支持起诉的方式参与，而是以公益诉讼起诉人①的身份提起行政公益诉讼，极大扩展了公益诉讼的空间。

2. 检察机关提起行政公益诉讼有利于破解行政执法难题

行政机关不依法履职损害公共利益的情况时有发生，特别是在环境保

---

① 检察机关在公益诉讼中的身份经历了不同的名称：2016 年的《人民法院审理检察院提起公益诉讼案件实施办法全文》规定检察机关的身份是“公益诉讼人”；2018 年 3 月 2 日起施行的《最高人民法院、最高人民检察院关于检察公益诉讼案件适用法律若干问题的解释》把检察机关定位为“公益诉讼起诉人”。两者在本质上差异并不大。检察机关是作为国家利益和社会公共利益的代表人而提起公益诉讼的，与任何私益无关，因而与私益诉讼中的当事人不可同日而语，故而不宜称为“当事人”，也不宜将检察机关作为通常意义上的当事人来对待，而应将其确定为“公益诉讼起诉人”。

护、国有资产等问题上。检察机关是我国宪法规定的专门的法律监督机关，负责监督法律的统一实施，这种监督自然包括行政机关的执法活动。检察机关通过诉讼的方式开辟了对行政机关进行法律监督的新渠道，不仅合适也切实可行。

3. 检察机关具有综合优势

检察机关其他环境行政公益诉讼既满足了维护国家和社会公共利益的司法实务需要，又弥补了社会组织等主体提起公益诉讼的不足、有利于公益诉讼的全面化和规范化发展。相对于其他主体而言，检察机关提起行政公益诉讼，可以充分发挥检察机关在专业人才、侦查手段、办案经验、证据保障等方面的综合优势，减少社会公共利益的维权成本，提高环境资源等领域司法保护的效率。此外，作为专门的法律监督机关，当社会公共利益受损时，检察机关不会缺位，也不会滥权和越位。

（二）环境行政公益诉讼的类型及发展趋势

按照被诉行为是否造成公共利益的损害，可以把环境公益诉讼分为预防性环境公益诉讼与救济性环境公益诉讼两种类型。预防性环境公益诉讼是指法定的机关或者组织对于可能造成重大环境风险的行为，可以依据法律规定提起公益诉讼的制度，救济性环境公益诉讼则是指对已经损害社会公共利益的行为提起诉讼。两者最为突出的区别在于，前者启动于损害尚未发生或损害结果出现之前，强调对环境风险的防范；后者则是在损害结果出现之后对损害进行的弥补和救济。

环境行政公益诉讼涵盖了预防性和救济性环境公益诉讼两种类型。自2015年全国人大授权检察机关开展环境公益诉讼试点以来，救济性环境行政公益诉讼制度对于维护“两益”发挥了重要作用，国家已经形成了一套较为完整、系统的诉讼制度和规则。党的十九届四中全会通过的《中共中央关于坚持和完善中国特色社会主义制度　推进国家治理体系和治理能力现代化若干重大问题的决定》提出了“完善生态环境公益诉讼制度”的要求，2020年中共中央办公厅、国务院办公厅印发的《关于构建现代环境治理体系的指导意见》进一步指出，要“加强检察机关提起生态环境公益诉讼工作”。作为一项正在探索中的新制度，救济性环境行政公益诉讼的完善仍然面临理论和实践的双重检验。

对于受到损害的“两益”进行救济具有极其重要的意义，同时，在风险社会的背景下，还需要借助于预防性环境行政公益诉讼制度，防范环境风险，形成对行政机关的全面监督。当今社会面临着更多的复杂性和不确定性，这就是德国学者贝克所描述的“风险社会”。风险社会的到来对环境治理和法治建设提出了新的要求，我国环境法面临着“从后果控制到风险预防”的转型，[①] 环境风险预防成为国家的任务和责任[②]。为了应对环境风险，我国不仅确立了“风险预防”原则和风险管控法律制度，也以公益诉讼的方式防范环境风险。但遗憾的是，目前的公益诉讼制度只针对民事主体重大环境风险行为进行约束，却缺乏对行政机关可能造成“两益”遭受重大损害的行为规制，使得预防性环境公益诉讼制度具有“单轨制”的特点。如何防范行政行为带来的环境风险成为我们必须面对的问题，可以说，在未来的制度建设和司法应用中，预防性环境行政公益诉讼存在较大的发展空间。

三　救济型环境行政公益诉讼的优化

救济型环境行政公益诉讼是我国目前立法和实践中确定的诉讼类型。2015 年 7 月 1 日，全国人大常委会做出授权决定，确定在北京、内蒙古、山东、吉林等 13 个省、自治区、直辖市人民检察院开展为期 2 年的公益诉讼试点工作，解决了困扰检察机关多年的诉讼资格问题，也促使检察机关公益诉讼从理论走向司法实践。7 月 2 日，最高人民检察院印发了《检察机关提起公益诉讼试点方案》（以下简称为《试点方案》），规定了检察机关提起公益诉讼的案件类型和范围、诉讼身份、诉前程序、诉讼请求等主要内容，开启了环境行政公益诉讼的制度建设历程。目前，在我国相关立法中，已经形成了包括《行政诉讼法》《最高人民法院、最高人民检察院关于检察公益诉讼案件适用法律若干问题的解释》《最高人民法院关于审理环境公益诉讼案件的工作规范（试行）》《人民检察院公益诉讼办案规则》（以下简称为《办案规则》）、《检察机关行政公益诉讼案件办案指南（试行）》（以下简称为《办案指南》）等在内的规范体系，系统规定了救济型行政公益诉讼制度。

① 吕忠梅：《从后果控制到风险预防　中国环境法的重要转型》，《中国生态文明》2019 年第 1 期。

② 陈海嵩：《环境风险预防的国家任务及其司法控制》，《暨南学报》（哲学社会科学版）2018 年第 2 期。

公益诉讼在司法实践中得到长足发展。通过考察我国环境公益诉讼的比例构成发现，与民事公益诉讼相比，行政公益诉讼占了较大数量和比例。据最高人民法院环境资源审判庭统计，从 2015 年 1 月到 2019 年 12 月，全国法院共审理环境公益诉讼案件 5184 件，其中社会组织提起的环境民事公益诉讼案件 330 件，检察机关提起的环境公益诉讼案件 4854 件。[①] 从检察机关办理的行政公益诉讼和民事公益诉讼比例结构看，行政公益诉讼始终是主体，长期占到 95%左右，2020 年以来，民事公益诉讼占比有较大幅度上升，但行政公益诉讼占比仍在 90%以上。[②] 可以说，行政公益诉讼成为公益诉讼发展的主要方向。[③] 行政公益诉讼取得巨大进展的同时，仍有诸多问题需要进一步完善。

（一）明确案件受理标准，做好案件线索筛查

《试点方案》和《办案指南》谨慎地将公益诉讼案件来源限定在“履行职责中发现”，排除了其他案件来源，不利于公益诉讼的开展。经过理论呼吁和实践发展，《办案规则》扩大了公益诉讼案件线索来源，具体包括：自然人、法人和非法人组织控告、举报，人民检察院发现，行政执法信息共享平台发现，国家机关、社会团体和人大代表、政协委员转交，新闻媒体、社会舆论反映等多种渠道。《办案规则》的出台丰富了案件线索来源，也对检察机关案件质量的筛选提出挑战，这需要进一步明确案件受理标准，做好案件筛查。

《办案指南》要求，对案件线索的评估应当重点围绕线索的真实性、可查性和风险性展开；《办案规则》也强调，人民检察院应当对公益诉讼案件线索的真实性、可查性等进行评估。对于案件受理，除真实性、可查性和风险性因素外，还需要注意案件的公益性和实效性。（1）公益性。公共利益是公益诉讼的核心概念，公共利益受到侵害是提起公益诉讼的基本前提，环境公益诉讼制度需围绕“公益”这个核心。我国法律虽然多

---

① 李纯：《全国法院审理环境公益诉讼案件超 5000 件》，2020 年 1 月 15 日，中国新闻网（http://www.chinanews.com/gn/2020/01-14/9059771.shtml）。

② 胡卫列：《当前公益诉讼检察工作需要把握的若干重点问题》，《人民检察》2021 年第 2 期。

③ 此观点在理论界和学术界都有体现。相关观点参见王明远《论我国环境公益诉讼的发展方向：基于行政权与司法权关系理论的分析》，《中国法学》2016 年第 1 期；胡卫列《国家治理视野下的公益诉讼检察制度》，《国家检察官学院学报》2020 年第 2 期。

次使用社会公共利益、国家利益等表述方式，但却缺乏对上述概念的明确界定，实践中常常存在各种利益交叉重叠的情形，导致公益判断存在困难。检察机关在办案过程中需要掌握“公益”的核心要义即生态环境的公共性，在案件线索筛查中需要结合具体案情对社会公共利益、国家利益是否受到侵害进行细致甄别和判断，还应考虑督促行政机关依法履职是否能够达到维护公益的效果。（2）时限性。《办案规则》指出，人民检察院评估“认为国家利益或者社会公共利益受到侵害，可能存在违法行为的”，应当立案调查，对于评估时限则没有要求。为了防止公益救济的拖延，需要进一步明确评估时限。

（二）发挥诉前程序价值

诉前程序是行政公益诉讼的法定前置程序。根据《行政诉讼法》规定，人民检察院在提起行政公益诉讼前，应当向行政机关提出检察建议，督促其依法履行职责。只有经过诉前程序后，行政机关不依法履行职责的，“两益”仍处于受侵害状态时检察机关才可以提起公益诉讼。诉前程序在行政公益诉讼中具有独特的价值和意义，对防范司法资源浪费和检察机关职权越位发挥了重要作用。这种规定符合我国司法资源有限的社会现实和检察机关作为法律监督机关的职责定位，也符合维护社会公益利益的根本目的。最高人民检察院工作报告显示，2020 年检察机关共办理行政公益诉讼案件 13.7 万起，其中 99.4%的案件通过诉前程序得到回复整改。[①] 但是诉前程序也存在检察建议内容不够规范、期限不够灵活、与诉讼程序衔接不够顺畅等问题。

1. 规范检察建议内容和程序

检察建议在实践中发挥了重要作用，但对于检察建议的效力尚有争议，实践中存在检察建议形式化、内容不够规范等问题。有的检察建议内容较为模糊、行政机关履职内容不够明确、建议缺乏可操作性，有的履职期限不合理、违背生态规律、与实际脱节，致使行政机关在履行检察建议内容时存在诸多困难。

---

① 最高人民检察院：《2020 年检察机关立案办理公益诉讼案件 151260 件》，2021 年 3 月 8 日，中华人民共和国最高人民检察院网（https：//www.spp.gov.cn/spp/zdgz/202103/t20210308_511544.shtml）。

(1) 需要明确检察建议的监督属性[①]

检察建议本身具有“柔性”特点而缺乏强制效力，往往借助于后续的诉讼制度发挥约束功能。基于“建议”属性，其本身无法成为行政机关作为义务的来源，因此，行政机关仅仅不回复检察建议，不能作为认定行政机关未依法履行职责的依据。

(2) 检察建议的说理性需要进一步增强

《办案规则》对于检察建议的规范化明确了要求，即《检察建议书》建议内容应当包括国家利益或者社会公共利益受到侵害的事实、认定行政机关不依法履行职责的事实和理由、提出检察建议的法律依据、建议的具体内容等，还应当与可能提起的行政公益诉讼请求相衔接。内容完整性是检察建议的基本要求，检察建议涵盖上述内容的同时还需增强说理性。说理性是树立监督形象、保障司法权威的重要标志。实践中有的检察建议说理不充分，对于“两益”受到侵害的认定较为简单；有的说理不准确，行政机关不依法履行职责的判断依据不够明确；还有的检察建议内容千篇一律。

检察建议说理需要从以下两个方面加以改进：一是检察建议说理要突出重点。“两益”受到侵害和行政机关不依法履职是检察建议说理的重点内容。对于损害的认定，需要结合环境法学、环境科学和生态学知识，运用法学和技术术语进行全面论证；对于行政机关不依法履职，需要结合行政机关职责和履职手段、生态客观条件等因素综合考量。二是检察建议说理要结合个案。需要对不同事实、不同案件进行详细分析，不能简单套用检察建议“模板”。

2. 确立更加灵活的检察建议期限

行政公益诉讼诉前程序中检察建议期限有两种：对于一般案件适用两个月的普通期限，对于紧急情况适用 15 日的短期期限。这与试点期间统一为一个月的期限相比具有一定进步性，但固定期限往往难以应对公益保护的紧迫性和行政机关履职方式的特殊性，需要对检察建议期限作出进一步调整。

(1) 一般案件设置更加灵活的期限

可以结合自然条件与生态规律对于履职期限的约束、行政机关查清污

---

① 曾鹏、余林：《我国行政公益诉讼诉前程序启动困境与应对》，《三峡大学学报》（人文社会科学版）2022 年第 1 期。

染破坏事实等情况设置弹性区间[①]。

（2）紧急情况的期限区间再次细化

出现特别紧急情况的，可以设置更短或更灵活的履职期限，例如，在环境行政行为引发群体性事件或者网络舆情的情况下，可以按照“第一时间响应”原则并借鉴政务舆情回应时限的规定，要求行政机关24小时内初次回复并做出后续回应。其他一般紧急情况，可以维持目前的期限。

（三）实现诉前程序与诉讼程序的有机衔接

根据《行政诉讼法》规定，行政机关违法行使职权或者不作为，致使“两益”受到侵害，经过诉前程序后，行政机关仍然不依法履行职责的是行政公益诉讼提起的核心要件，因此，对行政机关是否履职的判断成为诉前程序与诉讼程序有机衔接的关键。

首先，明确不依法履行职责的含义。从体系解释来考察，不依法履行职责包括有法不依、滥用职权、玩忽职守、徇私舞弊、执法不严、违法不究等情形，属于行政违法的兜底性用语。[②] 因此，不依法履行职责涵盖了违法行使职权和行政不作为两种情形。

其次，厘清不依法履行职责的判断标准。对于行政机关是否依法履职，学术界形成了“结果论”和“行为论”两种观点。“结果论”主要是以“两益”是否得到有效维护作为判断标准；“行为论”往往以行政机关是否采取履职措施作为其是否依法履职的考量标准，而不考虑履职的目标和效果是否达到。

上述两种观点各有利弊，建议从以下两个方面综合考虑。

其一，行政机关是否具有法定监督管理职责。这是指法律、法规、规范性文件、权力清单和责任清单等所规定的监督管理职责，如行政处罚、行政许可、行政命令、行政强制、行政征收等；而不包括行政机关管理社会公共事务的一般性管理职责。

其二，行政机关是否穷尽履职手段、采取有效措施。行政机关不但要及时制止违法行为，还应该穷尽所有监管手段、采取有效措施。除了

---

① 刘超：《环境行政公益诉讼诉前程序省思》，《法学》2018年第1期。

② 魏琼、梁春程：《行政公益诉讼中“行政机关不依法履行职责”的认定》，《人民检察》2019年第18期。

责令停止违法行为之外，行政机关还有罚款、没收违法所得、责令恢复原状、代履行、申请强制执行等行政处罚、行政命令以及行政强制等监管手段。

四　预防性环境行政公益诉讼的构建

预防性环境行政公益诉讼是环境行政公益诉讼的一种具体类型。从理论上分析，基于风险防范的需要，对于可能造成国家利益或者社会公共利益遭受损害的重大风险行为，都有可能纳入预防性诉讼的范围。但目前预防性环境公益诉讼只存在于民事公益诉讼中。在《民事诉讼法》要求提起民事公益诉讼时需具有社会公共利益受到损害这一要件的基础，《最高人民法院关于审理环境民事公益诉讼案件适用法律若干问题的解释》（以下简称为《民事公益诉讼司法解释》）第 1 条规定，不但可以针对已经损害的社会公共利益提起公益诉讼，对具有损害社会公共利益重大风险的污染环境、破坏生态的行为也可以提起公益诉讼。此规定被认为是预防性民事公益诉讼制度确立的依据。

无论立法还是司法解释都未确立预防性环境行政公益诉讼制度。为实现对行政机关的有效监督，防范行政行为对环境公益利益带来风险或造成损害，应该根据环境风险的特点探讨预防性环境行政公益诉讼制度。实践中，环保组织已有成功办理多起预防性公益诉讼案例的经验，可为检察公益诉讼的案件范围拓展提供实例印证和技能支持。[①] 因此，有必要突破传统的“无损害无救济”理念，增强风险防范意识，构建我国的预防性环境行政公益诉讼制度。

（一）预防性环境行政公益诉讼的逻辑前提和功能定位

预防性环境行政公益诉讼重在“防患于未然”，通过阻断行政机关违法作为或者防止其不作为，防范重大环境风险和不可逆的环境损害。

1. 预防性环境行政公益诉讼确立的逻辑前提

我国的环境行政公益诉讼是以“两益”受到侵害作为结果要件，以起诉方式倒逼行政机关履行职责或纠正不当行为。对于预防性环境行政公益诉讼缺失的缘由，有的认为，这种制度设计为了防止出现滥诉现象，背

① 刘加良：《公益诉讼单独立法的必要性与可能方案》，《检察日报》2020 年 11 月 12 日第 7 版。

后又贯穿着行政行为成熟的理念；[①] 也有的认为，诉讼方式的谦抑性能够解释此种模式的合理性[②]。当然，我国是否确立预防性环境行政公益诉讼需要在逻辑上解决两个基本问题，一是预防性行政公益诉讼是否存在司法权[③]入侵行政权之嫌？二是在行政机关对环境风险的判断和防范具有天然优势的情况下，检察机关提起预防性公益诉讼有无必要和可能？对这两个问题的回答需要从更为根本的行政权和司法权的关系入手，合理确定预防性环境行政公益诉讼的定位，厘清行政机关、检察机关在环境风险规制中的优劣，实现行政权和司法权的良性互动。

2. 督促与补充：预防性环境行政公益诉讼的功能定位

在行政公益诉讼制度构建过程中，学界一直存在司法权干扰行政权的顾虑，认为检察机关有介入行政事务、逾越权力边界的倾向。[④] 因此，我们首先需要从理论上明确预防性行政公益诉讼的定位。对这一问题的分析可以按照从外至内的维度进行：对外体现在合理确定检察权与行政权的边界，使环境法治和环境公共利益的维护在不同主体之间实现合理分工；对内体现在确立以救济性环境行政公益诉讼为主、预防性环境行政公益诉讼为辅的制度模式。

预防性环境行政公益诉讼首先应该符合行政公益诉讼的功能定位。行政公益诉讼是一种典型的督促履职之诉，其主要功能在于督促行政机关纠正违法作为或者不作为，依法履职。在环境治理和公共利益维护中，行政权、行政治理具有优先性，司法权处于次要地位。“要达到环境保全的目的，不可缺少的是对行政的依赖。”[⑤] 行政机关的环境管理活动具有专业性、高效率、持续性、主动性等特点，是环境公共利益的首要维护者。检察机关是国家法律监督机关，主要发挥监督执法作用。检察权的行使需要遵循成熟、克

---

① 王春业：《论检察机关提起“预防性”行政公益诉讼制度》，《浙江社会科学》2018 年第 11 期。

② 李凌云：《从损害控制到风险预防：野生动物保护公益诉讼的优化进路》，《中国环境管理》2020 年第 5 期。

③ 一般认为，我国的司法权包括检察权和审判权。我国由检察机关与法院组成二元司法权力体系，共同致力于司法公正目标的实现。参见苗生明《新时代检察权的定位、特征与发展趋向》，《中国法学》2016 年第 6 期。

④ 梁鸿飞：《检察公益诉讼：法理检视与改革前瞻》，《法制与社会发展》2019 年第 5 期。

⑤ ［日］原田尚彦：《环境法》，于敏译，法律出版社 1999 年版，第 81 页。

制的原则，保持谦抑的品格，给予行政权充分的尊重和自我纠错的机会，不能替代、干涉行政权。预防性行政公益诉讼的主要目的是通过发挥检察机关的法律监督作用，督促行政机关依法履职，由行政机关实现利益维护和风险管控，而非由检察机关直接进行受损利益的修复和风险的防范。因此，需要把检察权定位于保护公益的辅助手段，发挥其补充性功能。

在行政公益诉讼内部关系上，预防性环境行政公益诉讼是对救济性环境行政公益诉讼的补充。在实现风险预防的功能上，两者缺一不可，共同形成对风险的全过程防范。但两者的地位又主次分明，救济性环境行政公益诉讼应是维护“两益”的主要途径，预防性环境行政公益诉讼具有补充性。其中的缘由不但有防止滥诉、节约司法资源的考量，更是对行政行为成熟原则的遵守和对我国救济性环境行政公益诉讼制度的尊重。如果救济性诉讼能够有效维护“两益”，则无必要提起预防性诉讼。因此，预防性公益诉讼处于次要的、补充的地位。

（二）预防性环境行政公益诉讼的关键：环境风险判断中行政权与司法权的优劣比较

环境风险伴随着现代科学技术的广泛使用而产生，与环境损害相比，环境风险具有科学上的不确定性、技术性、扩张性等特点。预防性环境行政公益诉讼提起的关键是对环境风险进行科学、合理的判断。基于已有的制度安排，行政机关在环境风险规制中占据主导地位，但并不意味着其具有绝对优势。

1. 行政权在环境风险管控中具有主导性地位

风险社会的到来对行政机关提出了新的要求。在“风险社会模式”下，行政机关的职能由以推动和促进经济增长为主转为兼顾社会风险的控制、社会稳定的维护、非经济性社会公共利益以及弱势群体权益的保护。[①] 为了应对环境风险，我国环境立法确定了从“预防损害”到“预防风险”的理念和原则，也赋予政府及其部门进行风险管控的职责和权力。根据法律规定，行政机关在环境与健康、大气污染防治、土壤污染防治、水资源保护、危险废物管理、生物安全等领域均具有风险管控的职责和义务（具体见表6-1）。可以说，目前绝大部分可能造成重大环境风险的行

① 王明远：《论我国环境公益诉讼的发展方向：基于行政权与司法权关系理论的分析》，《中国法学》2016年第1期。

为都被纳入行政法规制的范围。此外，针对产生危险、风险①的环境行为，我国形成了包括环境规划、环境影响评价、“三同时”、排污许可、现场检查等全过程控制的预防性法律制度和规范。可以说，在目前的法律规定下，行政机关已经具有一整套相对完备的风险评估和监督检查制度，成为预防性法律规范的主要执行者。

表 6-1　现行法律中行政机关环境风险管控的主要规定

相关法律条款	环境风险管控的主体	环境风险管控的内容
《环境保护法》第 39、47 条	各级人民政府及其有关部门	环境与健康监测、调查和风险评估、突发环境事件的风险控制
《大气污染防治法》第 78 条	国务院环境保护主管部门、国务院卫生行政部门	对有毒有害大气污染物实行风险管理
《水污染防治法》第 32、62、69 条	国务院环境保护主管部门、卫生主管部门、海事管理机构、渔业主管部门，县级以上地方人民政府、环境保护部门	对有毒有害水污染物实行风险管理、对船舶作业进行管控；对饮用水水源保护区等区域的污染风险进行调查评估
《土壤污染防治法》第 12 条、第 4 章	国务院生态环境主管部门和省级人民政府，地方人民政府以及生态环境、自然资源、农业农村、林业草原等主管部门	制定土壤污染风险管控标准、实施土壤污染风险管控和修复
《固体废物污染环境防治法》第 75 条	国务院生态环境主管部门	评估危险废物的环境风险、实施分级分类管理
《生物安全法》第 11、14、15、17、20、27、67、70 条	国务院卫生健康、农业农村、科学技术、外交、林业草原、海关、生态环境等主管部门和有关军事机关	生物安全风险监测预警、生物安全风险调查评估、重大生物安全风险警示信息、生物安全审查、生物安全风险监测预警、生物安全风险防御与管控技术研究、生物安全风险防控的物资储备

2. 环境风险规制中行政权与司法权的优劣比较

从理论上分析，对环境风险的规制主要有行政和司法②两条路径。学者研究表明，这两条路径在不同的情形下各有优劣，具体见表 6-2。

---

① 危险和风险在盖然性程度上有所区别。危险是指如果损害发生的盖然性根据可以掌握、可以证实的方法，可以推断出足够的盖然性；风险是指当损害发生的盖然性未知的情况下，损害发生的可能性。参见陈海嵩《环境风险预防的国家任务及其司法控制》，《暨南学报》（哲学社会科学版）2018 年第 2 期。

② 司法规制主要是指借助于法院实施、以事后责任为主的规制方式。

表 6-2 行政规制、司法规制的优劣对比①

	行政规制的影响因素	司法规制的影响因素
相对优势	专业技术优势 规模经济优势 事前预防损害的优势 在时间维度上的灵活性优势	个案判断上的灵活性优势 事后有针对性的规制 信息获取成本相对较低 管辖权配置相对清晰 法官的机会主义相对较弱
相对劣势	不同个案的"一刀切"处理 信息获取成本较高 行政执法人员的机会主义 多元规制机构的协调难题 持续性的运行成本支出 被规制者的对策行为	私人诉讼的启动障碍 规模不经济的劣势 政策判断上的时滞性劣势 处理技术问题上的劣势

上述论述中司法规制的优劣主要以私人诉讼作为分析对象，难以完全适用于预防性环境行政公益诉讼。需要根据环境风险管控的不同阶段，结合预防性环境行政公益诉讼主体特殊性、预防性、公益性等特点，进行具体分析。

一般而言，环境风险管控涵盖了"风险识别—风险评估—风险管理"等程序②，在上述不同阶段，行政机关并非一直占据绝对优势。根据美国国家科学院国家研究理事会（NAS/NRC）研究表明，风险评估和风险管理之间存在明显区别，风险识别、风险评估主要基于科学证据和科学分析，③ 其是科学专家依据概率、数据对风险进行的科学分析和预测，具有强烈的技术性、科学性，呈现出明显的客观色彩。在此阶段，行政机关因立法授权、专业分工、经验积累、行政普适性等因素具有一定优势。但在风险管理阶段，行政机关存在一定弊端，需要发挥检察机关的监督作用。风险管理是指在一系列的选项中选择一个可以达到"所需结果"的决策

① 宋亚辉：《社会性规制的路径选择——行政规制、司法规制抑或合作规制》，法律出版社 2017 年版，第 181—184 页。作者根据研究的内容进行了整理和调整。

② 白志鹏、王珺、游燕主编：《环境风险评价》，高等教育出版社 2009 年版，第 145—148 页。

③ Gail Charnley，"Democratic Science：Enhancing the Role of Science in Stakeholder-based Risk Management Decision-Making". 转引自金自宁编译《风险规制与行政法》，法律出版社 2012 年版，第 129—130 页。

过程。[①] 风险管理决定在考虑风险评估的结果之外，还应在允许的范围内基于“技术可行性”、经济、社会、政治和法律因素而做出。[②] 因此，风险管理措施的选择和决策往往融合了诸多选择者的意志，这导致与风险评估的客观性相比，风险管理具有浓厚的主观色彩。

在我国的风险管控过程中，行政机关享有较大的行政裁量权并呈现不断扩张之势，却缺乏相应的监督和制约机制。如《土壤污染防治法》授予行政机关在土壤污染防控标准制定、组织实施土壤污染风险管控和修复等方面的主导权，却未规定相应的裁量权行使控制机制。[③] 这导致作为管理者的行政机关可能存在以下“规制失灵”现象，检察机关则具有了相对优势：（1）政治操控。“在环境风险决策过程中，专家知识有可能为了迎合政治而被操纵……这也掩盖了行政官僚为达特定政治目的而选择性利用科学与专家知识的可能性。”[④] 根据《宪法》规定，检察机关作为国家法律监督机关，独立行使检察权，不受行政机关、社会团体和个人的干涉，这使得其被政治操控的可能性大大降低。（2）机会主义。机会主义倾向意味着行政机关往往为了政绩或私利而实施偏离目标的行为。如在短期政绩目标的追求下，行政机关做出不计成本的决策。检察公益诉讼是一种典型的客观诉讼，检察机关并非直接进行实体权利义务处置，因此，其机会主义倾向相对较弱。（3）“一刀切”。行政决策、行政措施往往具有普适性，这容易导致行政机关对不同个案进行“一刀切”处理；相比之下，检察机关提起公益诉讼以个案作为着力点，其对环境风险的判断更具有灵活性。

综上所述，在环境风险判断和管控过程中，行政机关和检察机关各有优劣。对于环境风险的识别和评估，行政机关的优势较为明显。在风险管理阶段，行政机关占据了职权优势，但也存在“规制失灵”的问题，检察机关则具有了相对优势。为了防范行政机关的“规制失灵”，需要司法权适时做出调整，加强对行政权的监督，促进环境法律秩序的维护和环境

---

① ［英］费尔曼、米德、威廉姆斯主编：《环境风险评价：方法、经验和信息来源》，寇文、赵文喜译，中国环境科学出版社 2011 年版，第 5 页。

② EPA，“Science Policy Council Handbook：Risk Characterization”．转引自金自宁编译《风险规制与行政法》，法律出版社 2012 年版，第 132—133 页。

③ 张宝：《从危害防止到风险预防：环境治理的风险转身与制度调适》，《法学论坛》2020 年第 1 期。

④ 杜健勋：《论环境风险治理转型》，《中国人口·资源与环境》2019 年第 10 期。

治理目标的实现。

3. 司法权在环境风险规制中的适应性调整

司法权的适应性调整意味着司法权应该根据实践的需要……尤其是在公共利益问题上，司法权的立场和功能应根据行政权的变化而进行相应的调整。①

司法权的适应性调整契合了“权力制约权力”的基本原理。权力本身所具有的扩张性和权力者的牟利性使权力存在滥用的极大可能，需要对权力进行制约。对权力进行制约的机制具有多样化，与其他制约机制相比，以权力制约权力是一种地位更对等、信息更对称、手段更有力的制约形式。② 根据《宪法》规定，人民检察院行使法律监督权，这体现出检察权对行政权的制约和监督，是实现“权力制约权力”的重要手段。行政机关在环境管理中具有两面性，其维护环境法律秩序、保护环境资源的同时也可能破坏法律秩序、造成环境风险。从生态环境产生的影响力分析，与具体的污染、破坏行为相比，不当行政行为的危害结果范围更广、影响更远。因此，需要检察机关加强对行政机关可能造成重大环境风险行为的监督。

司法权的适应性调整有助于弥补执法不足、促进环境立法目的的实现。我国《环境保护法》确立了“保护环境”的基本国策和立法目的，但“徒法不能以自行”，上述目标的实现需要行政机关和司法机关分工合作、相互配合：生态环境等行政机关严格执法，检察机关、审判机关发挥应有的作用，监督行政机关依法履职。但行政机关在执法过程中存在手段封闭、决策失误、执法不力等“先天”和“后天”问题，导致工业化、高科技带来的环境风险日益加重了公民个人的负担，形成了环境保护国家化与风险承担个人化之间的悖论。③ 而现阶段预防性环境行政公益诉讼的缺失，既导致司法权对于行政执法的监督出现空白，也使得行政执法的诉前分流作用付之阙如。④ 司法权的适应性调整可以实现与行政权的良性互

① 王明远：《论我国环境公益诉讼的发展方向：基于行政权与司法权关系理论的分析》，《中国法学》2016 年第 1 期。

② 黄文艺：《权力监督哲学与执法司法制约监督体系建设》，《法律科学》2021 年第 2 期。

③ 王小钢：《追寻中国环境法律发展之新理论——以反身法、审议民主和风险社会为理论视角》，博士学位论文，吉林大学，2008 年，第 1 页。

④ 华蕴志：《论预防性环境公益诉讼的功能界分——以多中心环境治理模式为分析工具》，《上海法学研究》2020 年第 14 卷。

动和动态发展，从对行政机关的事后监督扩展到过程监督，以弥补行政执法的不足，与审判权形成合力，共同维护环境法律秩序，防范环境风险，共同助力于环境保护目标的实现。

（三）预防性环境公益诉讼的实践反思

我国预防性环境公益诉讼目前只存在于民事公益诉讼中，具有“单轨制”的特点。无论是立法还是司法解释都尚未确立预防性环境行政公益诉讼制度。根据《行政诉讼法》[①] 和 2020 年《最高人民法院、最高人民检察院关于检察公益诉讼案件适用法律问题的解释》（以下简称《两高公益诉讼司法解释》）的规定[②]，行政公益诉讼包括诉前程序和诉讼程序两个阶段。诉前程序启动的标准是行政机关违法行使职权或者不作为，致使“两益”受到侵害；诉讼程序提起的条件是经过检察建议，行政机关不依法履行职责，“两益”仍处于受侵害状态。因此，诉前程序和诉讼程序的启动都要具备“不当行为”+“损害结果”的双重标准。对于只存在“不当行为”、尚未出现“损害结果”或者只存在“损害重大风险”的情形，尚没有纳入行政公益诉讼范围。

“单轨制”预防性环境公益诉讼制度确立之后，社会组织提起的预防性环境民事公益诉讼案件已有多起获得法院立案。[③] 其中，全国首例濒危

① 第 25 条第 4 款规定：人民检察院在履行职责中发现生态环境和资源保护、食品药品安全、国有财产保护、国有土地使用权出让等领域负有监督管理职责的行政机关违法行使职权或者不作为，致使国家利益或者社会公共利益受到侵害的，应当向行政机关提出检察建议，督促其依法履行职责。行政机关不依法履行职责的，人民检察院依法向人民法院提起诉讼。

② 第 21 条第 1 款规定：人民检察院在履行职责中发现生态环境和资源保护、食品药品安全、国有财产保护、国有土地使用权出让等领域负有监督管理职责的行政机关违法行使职权或者不作为，致使国家利益或者社会公共利益受到侵害的，应当向行政机关提出检察建议，督促其依法履行职责。行政机关不依法履行职责的，人民检察院依法向人民法院提起诉讼。第 22 条规定：人民检察院提起行政公益诉讼应当提交下列材料：（一）行政公益诉讼起诉书，并按照被告人数提出副本；（二）被告违法行使职权或者不作为，致使国家利益或者社会公共利益受到侵害的证明材料；（三）已经履行诉前程序，行政机关仍不依法履行职责或者纠正违法行为的证明材料。

③ 如，绿发会诉雅砻江流域水电开发有限公司案，绿发会诉国家电投集团黄河上游水电开发有限责任公司案，自然之友诉中国水电顾问集团新平开发有限公司、中国电建集团昆明勘测设计研究院有限公司案，自然之友诉云南华润电力（西双版纳）有限公司、中国电建集团昆明勘测设研究院有限公司案。此外，针对贵阳市观山湖区“未批先建”的“三边工程”，贵阳公众环境教育中心正在考虑提起预防性环境公益诉讼。参见吴凯杰《论预防性检察环境公益诉讼的性质定位》，《中国地质大学学报》（社会科学版）2021 年第 1 期。

野生动物保护预防性公益诉讼案即绿孔雀案于2020年12月31日做出二审判决，要求被诉工程“立即停止”建设。[①] 该案件对于《民事公益诉讼司法解释》中的“重大风险”进行了诠释，突破了“有损害才有救济”的司法理念，体现了“风险预防”的环境法原则。相较之下，我国的环境行政公益诉讼制度却存有难以克服的局限，它不能通过有效地规制行政来防范风险，保证公益周全。[②]

1. 民事、行政环境公益诉讼制度出现功能错位

从功能区分的角度分析，预防性环境民事公益诉讼的主要目的在于防范企业、事业单位等民事主体造成重大环境风险的行为；预防性环境行政公益诉讼主要是监督行政机关可能造成“两益”遭受损害的环境行为。检察机关通过提起环境行政公益诉讼督促行政机关依法履职，不但具有补救损害的功能，还应该具有监督行政行为、行政决策的风险防范功能。民事、行政公益诉讼存在区别的同时也具有密切的联系，行政公益诉讼中涉及行政管理相对人和行政机关两类违法主体，民事公益诉讼中的民事主体通常也可以理解为行政管理相对人。[③] 因此，在预防性环境公益诉讼“单轨制”运行状态下，预防性环境民事公益诉讼被迫承担了本应分流于预防性环境行政公益诉讼的案件，进而出现制度运行与功能界分相错位的困境[④]。本书试举以下案件加以说明：

案例一：中国绿发会提起的基于环评造假引发的预防性公益诉讼案。中国绿发会认为，常州市武进区危险物集中焚烧处置工程环评批复过程中存在“公众参与”部分内容伪造、选址不符、评价不够全面等弄虚作假及评价违法的行为，《环境影响报告书》的主要结论严重失实，可能引发该项目选址、污染防治措施、生态破坏防治措施等各项环保措施错误，产

① 文梅、陈柯宇：《公益诉讼为野生动物保护撑腰：云南绿孔雀案二审维持原判，要求被诉工程“立即停止”建设》，《华夏时报》2021年1月13日。

② 梁鸿飞：《预防型行政公益诉讼：迈向“过程性规制”的行政法律监督》，《华中科技大学学报》（社会科学版）2020年第4期。

③ 胡卫列：《当前公益诉讼检察工作需要把握的若干重点问题》，《人民检察》2021年第2期。

④ 华蕴志：《论预防性环境公益诉讼的功能界分——以多中心环境治理模式为分析工具》，《上海法学研究》2020年第14卷。

生损害社会公共利益重大风险的污染环境行为，遂提起公益诉讼。①

案例二：自然之友诉中石油云南炼油项目环境公益诉讼案。自然之友的起诉理由是，中石油云南1000万吨炼油项目在环境影响评价、项目选址和区域规划等多个环节存在造假问题，在区域环境容量有限且多项污染物已经超标的情况下，对当地环境存在不可逆转的威胁。该案件被云南省高级人民法院裁定不予受理，理由：一是原告提交的证据材料不能说明“损害社会公共利益或者具有损害社会公共利益重大风险”；二是上诉人关于禁止补办环境影响评价文件报批并责令撤回的诉讼请求，不属于受理民事公益诉讼的范围。②

上述两个案件虽然都是以民事公益诉讼方式提起，但其中最突出的问题是环保部门不当行使环境影响评价审批权等行政管理权，其矫正和解决的基本思路应该是规范行政机关的行政决策和行政执行。但由于民事、行政预防性公益诉讼制度功能尚未厘清，预防性行政公益诉讼制度尚未确立，社会组织对行政机关的行为缺乏法定请求权，提起预防性民事公益诉讼成为一种“无奈选择”。

2. 环境行政公益诉讼存在以“损害”之名进行风险规制的尴尬

根据目前法律要求，行政公益诉讼提起的前提条件是“两益”受到侵害，对此问题的论证是案件起诉阶段和审判过程中的焦点问题。但通过对法院审理的案件进行分析可以发现，部分案件中存在损害证成不够周延、“损害”与“风险”简单等同的问题。究其原因在于，在目前的制度安排之下，环境行政公益诉讼虽无风险规制之名但却存在风险规制之实，预防性行政公益诉讼的缺乏使司法实践应对损害时呈现出“力不从心”的特征。试举例如下：

案例三：赤壁市人民检察院诉赤壁市水利局不履行法定职责案。该案件中某自来水厂一直未取得卫生许可证，水质检测不达标。检察机关以水利局怠于履行法定职责、损害社会公共利益为由提起环境行政公益诉讼。但是，对于该案中“两益”受到侵害的认定，法院判决书将“致使不安

---

① 张娜：《违规修建运行垃圾焚烧厂，绿发会向常州中院再提一起环境公益诉讼》，2018年1月29日，中国生物多样性保护和绿色发展网（http：//www.cbcgdf.org/NewsShow/4857/4371.html）。经作者咨询得知，常州中院接收立案材料后，中国绿发会在一审阶段撤诉。

② 云南省高级人民法院〔2017〕云民终417号民事裁定书。

全水质对茶庵岭镇居民的人体健康构成极大安全风险”直接理解为“损害了社会公共利益”,[①] 缺乏风险和损害之间关系的说理和论证。

案例四：湖北省天门市人民检察院诉拖市镇政府不依法履行职责行政公益诉讼案。该案争议的焦点问题之一是镇政府修建的“垃圾填埋场是否给周边环境造成污染”。法院认为，“该垃圾填埋场存在潜在污染风险”，遂做出了确认镇政府行政行为违法，责令镇政府对垃圾填埋场进行综合整治的判决。[②] 上述判决没有指明公共利益受到何种损害，而是把存在“潜在污染风险”默认为损害了社会公共利益。

案例五：吉林省白山市人民检察院诉白山市江源区卫生和计划生育局、白山市江源区中医院环境公益诉讼案。法院做出判决的理由是“白山中医院违法排放医疗污水，导致周边地下水及土壤存在重大污染风险，白山市卫生和计划生育局未及时制止，其怠于履行监管职责的行为违法”[③]。由此可见，法院对行政机关“怠于履职”认定的缘由是造成重大风险，而非法律要求的“两益”受到侵害。

上述案件中，法院对损害的认定上，没有对风险和危险进行甄别，而是把“风险”简单认定为“损害后果”。这是因为客观上危险和风险交织在一起，存在转换的可能，难以做出截然区分，也存在鉴定费用高昂的问题；更为主要的原因在于预防性环境行政公益诉讼制度缺失的情况下，把“造成风险”简单等同于“公共利益受到损害”成为一种便捷之举。这客观上具有维护社会公共利益的作用，但带来的法律问题不容忽视。有学者指出，在《行政诉讼法》并未将“或者有受到侵害之虞”作为检察机关提出检察建议乃至提起诉讼条件的情况下，直接将风险规制作为启动检察建议乃至检察行政公益诉讼的条件来架构，存在法规范依据不足之嫌。[④]

（四）预防性环境行政公益诉讼的适用范围与启动条件

行政权和司法权在环境风险规制中各有优劣，为防范司法权的任意扩张，需要明确预防性环境行政公益诉讼的适用范围和启动条件。

---

① 湖北省赤壁市人民法院行政判决书〔2019〕鄂1281行初12号。

② 湖北省天门市人民法院行政判决书〔2017〕鄂9006行初7号。

③《吉林省白山市人民检察院诉白山市江源区卫生和计划生育局、白山市江源区中医院环境行政附带民事公益诉讼案》，《人民法院报》2017年3月9日第3版。

④ 杨建顺：《拓展检察行政公益诉讼范围和路径的积极探索——赤壁市人民检察院诉赤壁市水利局怠于履行饮用水安全监管职责案评析》，《中国法律评论》2020年第5期。

1. 预防性环境行政公益诉讼的适用范围

预防性环境行政公益诉讼的适用范围可以从适用领域和适用情形两个方面加以考量。“生态环境和资源保护”是《行政诉讼法》确立的行政公益诉讼案件领域之一，在此领域内，有学者关注野生动物保护①、环境健康风险规制②、环境影响评价③等方面预防性行政公益诉讼的构建。从理论上分析，“只要行政机关的违法行为造成国家利益或者社会公共利益受到侵害或有侵害危险的，都可以纳入检察机关提起行政公益诉讼的案件范围”④。因此，本书不打算再对适用范围进行列举式的探讨，而是在“生态环境和资源保护”这一领域内，根据行政行为阶段不同、对生态环境的影响不同，进行具体适用情形的分析。

（1）违法行政行为已经发生，但损害后果尚未显现

检察机关提起环境行政公益诉讼需要遵循双重约束：行政机关“不作为或乱作为”，以及“两益”受到侵害的后果。但实践中，“不作为或乱作为”和“两益”受到侵害之间往往存在一定的时间差。根据科学知识或社会经验，某一行为具有造成“两益”受损的危险性，但由于受到时间限制或其他因素的影响，损害结果尚未显现，如上文案例四、案例五中，垃圾填埋、污水排放的危害性显现之前，检察机关可以提起诉讼。需要明确的是，此时提起的诉讼应该是防止损害的预防性诉讼，对这一情形的确认恰好可以化解行政公益诉讼以“损害”之名进行风险规制的尴尬。

（2）行政机关做出环境风险决策的依据明显错误或严重滞后

当行政机关的决策依据违背社会常识、基本科学规律时，不但难以防范环境风险，还有可能带来新的环境风险，在此情形下，检察机关可以提起预防性诉讼。此外，还有决策依据严重滞后的情形。根据风险防范原则，人类行为不能超过环境容忍的边界，这种边界体现为环境法的重要概

---

① 李凌云：《从损害控制到风险预防：野生动物保护公益诉讼的优化进路》，《中国环境管理》2020年第5期。

② 闫旭林：《论环境健康风险的制度因应——基于预防性环境公益诉讼的视角》，《上海法学研究》2020年第14卷。

③ 黄超：《检察机关可探索开展预防性环境公益诉讼》，《检察日报》2019年6月3日第5版。

④ 徐全兵：《检察机关提起行政公益诉讼的职能定位与制度构建》，《行政法学研究》2017年第5期。

念——环境标准。[①] 但环境标准的制定或修订有时具有滞后性，如果行政决策依据的环境标准已经严重滞后，可能导致重大环境风险时，也可以提起预防性诉讼。

（3）行政机关的环境风险决策与社会公众认知产生重大冲突或矛盾

"科学能够在一定的误算范围内估算出风险的概率范围，但无法告诉人们何种程度的风险是可以接受的。"[②] 行政机关对于环境风险的判断除了有科学因素，还有经济、社会、政治和法律等各种因素。但某些情况下，行政机关做出的行政决策和社会公众的认知会产生重大冲突或矛盾。例如，我国近年来出现了多起涉及 PX、垃圾处理、有毒物质处置等环境敏感性重大工程项目引发的群体性事件。与行政机关相比，社会公众往往是环境风险更为直接的承受者，他们对于环境风险关注度更高、更加敏感。在环境风险决策遭到公众怀疑和抵制、极易引发群体性事件的情况下，应允许检察机关提起预防性环境行政公益诉讼，以实现环境风险的有效防范。

2. 预防性环境行政公益诉讼的启动条件

对上述不同行为和情形，风险识别和风险评估的具体节点各有不同，检察机关介入的时间也有所区别，因此，需要明确预防性行政公益诉讼启动机制的要点。

（1）启动的基本要件

预防性行政公益诉讼的启动需要在行政行为、环境风险、损害后果等方面满足基本要件。一是违法行政行为已经发生或具有发生的高度盖然性。预防性环境行政公益诉讼主要以阻却不法行政行为、预防损害为目的，但不当诉讼和过度诉讼会对行政机关工作造成干扰而影响行政效率，[③] 因此，违法行政行为已经做出、尚未执行或者具有做出的高度盖然性是提起预防性诉讼的前提。二是环境风险具有高度盖然性。环境风险意味着损害具有发生的可能性，国家应该在符合比例原则的基础上适度地对

① 唐双娥：《环境法风险防范原则研究——法律与科学的对话》，高等教育出版社 2004 年版，第 39 页。

② 唐双娥：《环境法风险防范原则研究——法律与科学的对话》，高等教育出版社 2004 年版，第 21 页。

③ 林莉红、马立群：《作为客观诉讼的行政公益诉讼》，《行政法学研究》2011 年第 4 期。

环境风险加以预防。[①] 因此，只有当环境风险的发生具有高度盖然性时，才能提起预防性行政诉讼。三是环境风险具有高阈值性，即环境风险导致的损害后果具有严重性和不可逆性。只有当行政行为或决策将会造成严重的、不可弥补和不可逆的环境损害时，预防性行政公益诉讼才有必要。

（2）针对违法行政行为的启动标准

按照违法行使职权的时间节点，违法行政行为可以分为即将做出的行为和已经做出但尚未执行的行为，两者在启动条件上存在一定差别。①对于即将做出的违法行政行为，应当坚持“实际影响必然发生”的标准。[②] “实际影响必然发生”意味着通过行政机关的先行行为能够认定行政机关即将做出某一行政行为，而该行为一旦做出将会造成不可逆的环境损害。例如，规划或重大工程项目的实施可能造成重大环境风险时，检察机关可以请求法院禁止或者停止行政机关做出此类行为。当然，由于行政行为尚未做出，需秉持高度谨慎的态度和规定较为明确的适用范围。②对于已经做出但尚未执行的行政行为，应采用“最大限度接近成熟原则”的判断标准。[③] 其提起的前提是违法行政行为已经做出但尚未执行，违法行政行为一旦实施或执行，将会造成严重的、不可弥补和不可逆的环境损害。对此，检察机关可以提起预防性撤销之诉。

（3）针对行政不作为的启动标准

不作为的行政行为主要有两种情形：一是违反法律、法规、规章规定的义务，二是对先行行为引发的义务不作为。对上述现象，检察机关可以提起预防性给付之诉，督促行政机关尽快履行法定职责。

对于第一种情形，应以“两益”即将受到侵害作为条件，单纯的不作为并不能启动预防性行政公益诉讼。根据法律、法规、规章规定，负有环境保护监督管理职责的行政机关没有履行法定职责，严重且不可逆的环境损害可能发生或即将发生时检察机关可以启动行政公益诉讼程序，以促使行政机关做出行政行为，防止“两益”受到侵害。对于第二种情形，

---

① 陈海嵩：《环境风险预防的国家任务及其司法控制》，《暨南学报》（哲学社会科学版）2018 年第 2 期。

② 吴良志：《论预防性环境行政公益诉讼的制度确立与规则建构》，《江汉学术》2021 年第 1 期。

③ 吴良志：《论预防性环境行政公益诉讼的制度确立与规则建构》，《江汉学术》2021 年第 1 期。

一般情况下要遵循成熟原则，给予行政行为实施完毕的空间。例如，行政机关已经做出行政处罚的决定，在法定期限内尚未执行完毕的情况下不宜启动诉讼。但是如果出现特殊、紧急的情况，如行政决定不立即执行将会造成严重环境损害的情况下，检察机关可以启动诉前程序，发出检察建议。

（五）预防性环境行政公益诉讼的实现路径与规则调整

在《行政诉讼法》只规定了救济性公益诉讼的情况下，预防性环境行政公益诉讼可以按照“司法解释、单行法、综合法”的路径逐步实现。可行的方式是借鉴预防性环境民事公益诉讼，通过司法解释的方式予以规定。由于我国并没有专门性的行政公益诉讼司法解释，可以在最高人民法院、最高人民检察院关于检察公益诉讼案件的司法解释中先行规定。在此基础上，应逐步完善各单行法中预防性环境行政公益诉讼制度的法律依据，例如，在《行政诉讼法》《环境保护法》等法律中予以规定。待条件成熟时，可以考虑制定综合性环境公益诉讼法律，对预防性环境公益诉讼制度进行统一规定。

预防性环境行政公益诉讼制度的构建还需要在以下几个方面进行规则调整与完善：

1. 诉前程序的调整

诉前程序在行政公益诉讼中具有独特的价值和重要的作用。预防性环境行政公益诉讼在存在重大环境风险的情况下启动，从尊重行政权、节约司法资源、保持司法权谦抑性等角度考量，更需要发挥诉前程序的作用，实现诉前程序的案件分流功能和独立价值。

首先，确立更加灵活的检察建议期限。前文已述，救济性行政公益诉讼的检察建议期限应该更加灵活，预防性环境行政公益诉讼也亦如此。即一般案件在二个月基础上设置更加灵活的期限。紧急情况下根据紧急程度不同对期限区间进行再次划分：特别紧急情况的履职期限，可以设置的更短更灵活；其他一般情况的履职期限，可以保持不变。

其次，发挥诉前程序中磋商机制的作用。我国诉前程序履行的法定方式是检察机关发出检察建议，为了适应预防性行政公益诉讼诉启动时损害行为尚未发生或者损害结果尚未出现的状况，有必要在案件立案后引入磋商机制。磋商机制和检察建议在功能上“殊途同归”，两者都是检察监督权的具体实施方法，都可以实现督促行政机关依法履职的目的。[①] 但磋商具有分流案件、节约司法资源、提高案件办理效率、灵活应用的优势，更适应预防性诉讼的特点。

行政公益诉讼磋商机制是指在行政公益诉讼诉前程序中，检察机关与行政机关就行政机关不依法履行行政监管职责、公共利益可能受损事实等交换意见的机制。[②] 与检察建议的期限性、法定性相比，磋商机制具有灵活性、自愿性的特点。首先，磋商启动具有灵活性。磋商机制并非诉前程序的必要手段，这与生态环境损害赔偿制度中磋商为必经程序相区别。行政公益诉讼中的磋商机制是根据具体案件的情况由检察机关和行政机关灵活采用的方式，并非诉前程序的必经阶段。根据法律规定，行政公益诉讼中必须经过检察建议程序，在此情况下，没有必要再把磋商机制规定为必经程序。磋商机制可以作为检察建议的补充，由检察机关和行政机关根据实际需要灵活应用。这样既体现了检察权对行政权的充分尊重，又可以督促、提醒行政机关依法履职，发挥行政权自我纠错的作用。其次，磋商时间具有灵活性。磋商既可以在检察建议发出之前进行，也可以在检察建议发出之后进行，[③] 两者均可以有效防范环境风险。检察建议发出之前进行磋商可以适当分流部分案件，经过磋商，行政机关积极履职，环境风险得以控制的情况下，无须再发出检察建议。检察建议发出之后，如果存在多头监管、案情复杂等情况，检察机关和行政机关也可以启动磋商。例如，有的案件中行政机关虽然积极履职，但由于客观原因导致修复效果难以较快实现，通过磋商可以进一步明确履职主体、履职方式、履职期限等

---

① 目前，磋商机制已经在福建、江西、浙江等省公益诉讼实践中得以应用并取得较好效果。以福建省为例，至 2019 年 6 月，福建省共办理诉前圆桌会议案件 36 件，督促恢复耕地、林地、矿山 2.06 公顷；督促治理恢复水源面积 3.33 平方公里；督促清理生产固体废物 100 吨，其中危险废物 11 吨。参见贺华锋《福建省检察院发布〈关于建立行政公益诉讼诉前圆桌会议机制的规定（试行）〉》，2019 年 6 月 21 日，泉港检察（https://www.163.com/dy/article/EI6F5R-IM0514CFFN.html）。

② 何莹、宋京霖、莫斯敏：《行政公益诉讼磋商程序研究》，《中国检察官》2020 年第 19 期。

③ 实践中磋商机制的启动时间并不一致。最高人民检察院等部门联合发布的《关于在检察公益诉讼中加强协作配合依法保障食品药品安全的意见》（2019）规定：磋商程序在检察建议发出前开展。《福建省人民检察院关于建立行政公益诉讼诉前圆桌会议机制的规定（试行）》（2019）则规定：圆桌会议机制在检察建议发出之后进行。

内容。

2. 举证责任的明确与完善

预防性行政公益诉讼的证明对象具有特殊性。预防性行政公益诉讼启动时损害尚未发生，检察机关无法证明已有的损害事实，也无法提供“两益”受到侵害的证明材料。预防性行政公益诉讼举证责任的分配主要围绕预防性保护的必要性展开，包括：违法行政行为做出的盖然性或者存在不作为情形、重大环境风险的盖然性和环境损害的不可弥补性等。

预防性行政公益诉讼的启动会阻断行政行为的连续性，但此时损害尚未出现，存在司法权干扰行政权的风险，需要秉持谨慎的态度。此外，检察机关和行政机关都是国家机关，他们都有相当的获取证据的能力。因此，预防性行政公益诉讼应该遵循“谁主张谁举证”的一般规则。但基于对否定性事实举证不能的法理，涉及行政机关“不作为”或者“不依法履行职责”可以作为例外。[①] 此外，举证责任的分配还需要注意诉前程序和诉讼程序的区别。诉前程序主要是启动行政自我追责，起到提醒相关行政机关注意的作用。[②] 它没有诉讼程序那种“等腰三角形”的关系结构，与诉讼程序相比，两者证明责任的内容可能是不同的。[③]

基于上述论证，预防性环境行政公益诉讼的举证责任可以做出如下安排。在诉前程序阶段，检察机关主要承担如下证明责任：行政机关具有环境管理的法定职责，行政机关违法行使职权具有高度盖然性，重大环境风险发生的可能性以及环境损害的不可逆性等。如果是涉及行政机关的“不作为”，应当由行政机关承担已经“作为”的证明责任。[④] 在诉讼程序阶段，检察机关主要承担如下证明责任：行政机关在收到检察建议后仍存在做出违法行政行为的高度盖然性或者存在“不作为”情形，重大环境风险发生的高度盖然性以及环境损害的不可逆性。

3. 预防性保护措施的构建

预防性行政公益诉讼的重要功能在于预防行政机关行为造成不可逆的环境损害，但检察机关启动诉讼时行政行为尚未做出或者尚未执行，损害

---

① 章剑生：《论行政公益诉讼的证明责任及其分配》，《浙江社会科学》2020 年第 1 期。

② 胡婧：《论行政公益诉讼诉前程序之优化》，《浙江学刊》2020 年第 2 期。

③ 章剑生：《论行政公益诉讼的证明责任及其分配》，《浙江社会科学》2020 年第 1 期。

④ 章剑生：《论行政公益诉讼的证明责任及其分配》，《浙江社会科学》2020 年第 1 期。

结果尚未出现，因此，需要在救济性保护措施的基础上构建配套的预防性保护措施。我国《行政诉讼法》和2018年《最高人民法院关于适用〈中华人民共和国行政诉讼法〉的解释》规定的停止执行、先予执行、财产保全、行为保全均具有预防性保护的功能，[①] 但上述措施并非都能够适用于预防性环境行政公益诉讼。先予执行适用于行政机关支付抚恤金、最低生活保障金和工伤、医疗社会保险金的案件，上述案件涉及私人利益而非公共利益，难以适用于环境公益诉讼；财产保全因其来源于财政拨款而缺乏存在的必要性。本书认为，停止执行、行为保全可以适用于预防性环境行政公益诉讼，这两种措施兼具监督行政机关依法行政与保证行政行为实现的功能，[②] 既可以在诉前阶段适用，也可以在诉讼中适用。

首先，对于提起预防性环境行政公益诉讼的违法行为，应该突破传统的“诉讼不停止执行”的原则，确立“诉讼停止执行”规则。《行政诉讼法》第56条为这一规则的确立提供了实体法基础。该条规定，人民法院认为该行政行为的执行会给国家利益、社会公共利益造成重大损害的，裁定停止执行。行政诉讼之所以确立“诉讼不停止执行”原则主要是为了维护行政行为的效力和行政法律秩序。但预防性环境行政公益诉讼的提起具有紧迫性和必要性，为了防范对环境公共利益不可逆的损害，应确立“诉讼停止执行”规则。

其次，对于行政机关拟做出的违法行政行为、不作为可能造成不可逆的环境损害时，人民法院可以根据检察机关的申请或者依职权裁定采取行为保全措施。行为保全中比较典型的是环保禁止令，该制度已在国外实施多年。在美国，禁止令既可以制止企业的排污行为，也可以要求环境行政机关按照法律的规定执法。[③] 为了有效防范环境风险，当检察机关履行证明责任之后，对于行政机关可能造成不可逆环境风险的行为，检察机关有权向法院申请禁止令，法院也可以依职权自行颁发禁止令。当然，预防性行政公益诉讼中环保禁止令的适于有待于适用情形、适用主体、适用条件、适用边界、适用程序以及适用错误后的救济、回转等规则的进一步

---

① 罗智敏：《我国行政诉讼中的预防性保护》，《法学研究》2020年第5期。

② 罗智敏：《我国行政诉讼中的预防性保护》，《法学研究》2020年第5期。

③ 张式军：《环境公益诉讼原告资格研究》，山东文艺出版社2011年版，第250页。

确立。[①]

预防性环境行政公益诉讼是我国公益诉讼制度纵深发展中的新面向，是顺应我国环境治理从传统的“命令—控制”模式向多中心治理[②]模式转变的需要，是促进检察公益诉讼案件范围拓展、功能扩展的应有之义，也是应对环境风险、实现行政权和司法权良性互动的必然选择。为了防范司法权权对行政权的不当干扰，应该明确预防性环境行政公益诉讼“督促与补充”的功能定位，在诉前程序中引入磋商机制，发挥检察建议作用，实现诉前程序的案件分流功能和独立价值。此外，还需要进一步明确适用范围和启动条件、构建预防性保护措施，这是预防性环境行政公益诉讼实现的重要保障。

① 王晶：《环境保护禁止令之适用审视》，《甘肃政法学院学报》2019 年第 2 期。

② 多中心理论强调不能单独依靠政府或私有化解决公共资源配给问题，而应当由多主体通过协商互动的方式形成自发秩序并通过各主体间的相互监督与因时、因地制宜的制度修正达到公共物品优化配置的目的。参见华蕴志《论预防性环境公益诉讼的功能界分——以多中心环境治理模式为分析工具》，《上海法学研究》2020 年第 14 卷。

参考文献

一　著作

［美］P. 诺内特、P. 塞尔兹尼克：《转变中的法律与社会：迈向回应型法》，张志铭译，中国政法大学出版社2004年版。

［美］埃利诺·奥斯特罗姆：《公共事物的治理之道——集体行动制度的演进》，余逊达、陈旭东译，上海三联书店2000年版。

［美］克鲁蒂拉、费舍尔：《自然环境经济学——商品性和舒适性资源价值研究》，汤川龙等译，中国展望出版社1989年版。

［英］E. 马尔特比等：《生态系统管理——科学与社会问题》，康乐、韩兴国等译，科学出版社2003年版。

杜群：《生态保护法论——综合生态管理和生态补偿法律研究》，高等教育出版社2012年版。

邓可祝：《政府环境责任研究》，知识产权出版社2014年版。

史玉成、郭武：《环境法的理念更新与制度重构》，高等教育出版社2010年版。

徐凌：《生态型责任政府论》，中国社会科学出版社2021年版。

张建伟：《政府环境责任论》，中国环境科学出版社2008年版。

张璐：《环境产业的法律调整——市场化渐进与环境资源法转型》，科学出版社2005年版。

朱国华：《我国环境治理中的政府环境责任研究》，中国社会科学出版社2018年版。

二　论文

蔡守秋：《论政府环境的缺陷与健全》，《河北法学》2008年第2期。

蔡守秋：《公众共用物的治理模式》，《现代法学》2017年第3期。

陈德敏：《重庆市碳交易市场构建研究》，《中国人口·资源与环境》2012 年第 6 期。

陈海嵩：《“生态红线”的规范效力与法治化路径》，《现代法学》2014 年第 4 期。

陈晓永、张云：《环境公共产品的政府责任主体地位和边界辨析》，《河北经贸大学学报》2015 年第 2 期。

陈辞：《生态产品的供给机制与制度创新研究》，《生态经济》2014 年第 8 期。

杜群、杜殿虎：《生态环境保护党政同责制度的适用与完善——祁连山自然保护区生态破坏案引发的思考》，《环境保护》2018 年第 6 期。

邓禾、韩卫平：《法学利益谱系中生态利益的识别与定位》，《法学评论》2013 年第 5 期。

方时姣：《绿色经济思想的历史与现实纵深论》，《马克思主义研究》2010 年第 6 期。

方印、李杰、刘笑笑：《生态产品价值实现法律机制：理想预期、现实困境与完善策略》，《环境保护》2021 年第 9 期。

郭武：《论中国第二代环境法的形成和发展趋势》，《法商研究》2017 年第 1 期。

巩固：《政府环境责任理论基础探析》，《中国地质大学学报》（社会科学版）2008 年第 2 期。

高永强：《论人的生态需要与人的发展》，《齐鲁学刊》2016 年第 4 期。

何继新、陈真真：《公共物品价值链供给治理内涵、生成效应及应对思路》，《吉首大学学报》（社会科学版）2016 年第 6 期。

姜波、刘进军：《内生态型政府的内涵及其善治方略》，《重庆社会科学》2014 年第 11 期。

姜渊：《政府环境法律责任的反思与重构》，《中国地质大学学报》（社会科学版）2020 年第 2 期。

蒋金荷、马露露、张建红：《我国生态产品价值实现路径的选择》，《价格理论与实践》2021 年第 7 期。

柯坚：《我国〈环境保护法〉修订的法治时空观》，《华东政法大学学报》2014 年第 3 期。

吕忠梅：《中国生态法治建设的路线图》，《中国社会科学》2013 年第 5 期。

蓝强、孙垚：《马克思主义理论视域下的生态需要的新内涵》，《生态经济》2014 年第 3 期。

李启家：《环境法领域利益冲突的识别与衡平》，《法学评论》2015 年第 6 期。

李国平、李潇：《国家重点生态功能区的生态补偿标准、支付额度与调整目标》，《西安交通大学学报》（社会科学版）2017 年第 3 期。

林黎：《我国生态产品供给主体的博弈研究——基于多中心治理结构》，《生态经济》2016 年第 7 期。

刘伯恩：《生态产品价值实现机制的内涵、分类与制度框架》，《环境保护》2020 年第 13 期。

卢国琪：《“两山”理论的本质：什么是绿色发展，怎样实现绿色发展》，《观察与思考》2017 年第 10 期。

梁忠：《从问责政府到党政同责——中国环境问责的演变与反思》，《中国矿业大学学报》（社会科学版）2018 年第 1 期。

马波：《论政府环境责任法制化的实现路径》，《法学评论》2016 年第 2 期。

秦天宝、段帷帷：《从一到多，政府怎么主导利益平衡？——从多方共治的视角探讨构建现代环境治理体系的法治进路》，《中国生态文明》2020 年第 2 期。

秦天宝：《法治视野下环境多元共治的功能定位》，《环境与可持续发展》2019 年第 1 期。

秦前红：《检察机关参与行政公益诉讼理论与实践的若干问题探讨》，《政治与法律》2016 年第 11 期。

潘家华：《生态产品的属性及其价值溯源》，《环境与可持续发展》2020 年第 6 期。

邱倩、江河：《重点生态功能区产业准入负面清单工作中的问题分析与完善建议》，《环境保护》2017 年第 10 期。

任世丹：《重点生态功能区生态补偿正当性理论新探》，《中国地质大学学报》（社会科学版）2014 年第 1 期。

沈辉、李宁：《生态产品的内涵阐释及其价值实现》，《改革》2021

年第9期。

史玉成：《生态利益衡平：原理、进路与展开》，《政法论坛》2014年第3期。

钭晓东：《论新时代中国环境法学研究的转型》，《中国法学》2020年第1期。

汤维建：《评司法解释中的公益诉讼》，《山东社会科学》2015年第7期。

汪劲：《论生态补偿的概念——以〈生态补偿条例〉草案的立法解释为背景》，《中国地质大学学报》（社会科学版）2014年第1期。

汪康、朱亚平：《马克思“美好生活论”的三重维度》，《北京交通大学学报》（社会科学版）2022年第1期。

王树义：《论生态文明建设与环境司法改革》，《中国法学》2014年第3期。

王曦：《新〈环境保护法〉的制度创新：规范和制约有关环境的政府行为》，《环境保护》2014年第10期。

王灿发：《论生态文明建设法律保障体系的构建》，《中国法学》2014年第3期。

王文革：《土地生态安全法治建设——论我国土地节约政府管制立法研究》，《政法论丛》2011年第5期。

吴卫星：《我国环保立法行政罚款制度之发展与反思——以新〈固体废物污染环境防治法〉为例的分析》，《法学评论》2021年第3期。

肖金成、刘通：《把牢生态环境保护的第一道关口——〈重点生态功能区产业准入负面清单编制实施办法〉解读》，《环境保护》2017年第4期。

徐祥民：《地方政府环境质量责任的法理与制度完善》，《现代法学》2019年第3期。

徐全兵：《检察机关提起公益诉讼有关问题》，《国家检察官学院学报》2016年第3期。

谢玲、李爱年：《责任分配抑或权利确认：流域生态补偿适用条件之辨析》，《中国人口·资源与环境》2016年第10期。

袁年兴：《论公共服务的“第三种范式”——超越“新公共管理”和“新公共服务”》，《甘肃社会科学》2013年第2期。

杨庆育：《论生态产品》，《探索》2014 年第 3 期。

郑少华：《生态文明建设的司法机制论》，《法学论坛》2013 年第 2 期。

郑少华：《从“管控论”到“治理论”：司法改革的一个面向》，《法学杂志》2015 年第 5 期。

张式军：《环保法庭的困境与出路——以环保法庭的受案范围为视角》，《法学论坛》2016 年第 2 期。

张忠民：《生态破坏的司法救济——基于 5792 份环境裁判文书样本的分析》，《法学》2016 年第 10 期。

张红杰、徐祥民、凌欣：《政府环境责任论纲》，《郑州大学学报》（哲学社会科学版）2017 年第 5 期。

张文彬、李国平：《生态保护能力异质性、信号发送与生态补偿激励——以国家重点生态功能区转移支付为例》，《中国地质大学学报》（社会科学版）2015 年第 3 期。

张瑶：《生态产品概念、功能和意义及其生产能力增强途径》，《沈阳农业大学学报》（社会科学版）2013 年第 11 期。

竺效、丁霖：《论环境行政代履行制度入〈环境保护法〉——以环境私权对环境公权的制衡为视角》，《中国地质大学学报》（社会科学版）2014 年第 3 期。

曾贤刚、虞慧怡、谢芳：《生态产品的概念、分类及其市场化供给机制》，《中国人口·资源与环境》2014 年第 7 期。

三　学位论文

范俊荣：《政府环境质量责任研究》，博士学位论文，武汉大学，2009 年。

樊成：《公众共用物概念辨义——环境法语境下的构建》，博士学位论文，武汉大学，2013 年。

后　记

本书的主体内容是我承担的教育部青年项目“生态产品政府责任研究”的成果，在教育部项目完成之后，我并没有放弃对生态产品政府责任的思考。作为“山东省高等学校青年创新团队发展计划诉讼法学新兴领域研究创新团队”的一员，同时也是山东师范大学“生态文明法治体系研究创新团队”的负责人，我在国家提出“双碳”目标之后，结合目前实施的生态环境损害赔偿、环境公益诉讼等制度，对政府在生态产品供给、价值实现等领域的责任重新进行思考，并完善了政府责任的追责机制。

衷心感谢“山东省高等学校青年创新团队发展计划诉讼法学新兴领域研究创新团队”对本书的资助，感谢团队负责人王德新教授对本书提出的宝贵建议。感谢山东师范大学社科处和法学院领导和同事对我的指导、肯定和帮助！

感谢本书编辑梁剑琴女士，她的专业建议给我很大启发，她的认真、负责使本书得以顺利出版！

在紧张的书稿校对中，我指导的硕士生李晓美、王瀚增、孟令琪、张晓宇和张雪涵帮忙进行资料核对，感谢你们！

感谢我的家人对我一如既往的支持！谢谢你们的辛勤付出！

张百灵

2022 年 3 月于泉城